环保产业发展与投资问题研究

HUANBAO CHANYE FAZHAN YU TOUZI WENTI YANJIU

陈天妮◎著

北京工业大学出版社

图书在版编目（C IP）数据

环保产业发展与投资问题研究 /陈天妮著．—北京：
北京工业大学出版社，2018.12（2021.5 重印）
　ISBN 978－7－5639－6573－1

　Ⅰ.①环… Ⅱ.①陈… Ⅲ.①环保产业－产业发展－
研究－中国 ②环保产业－投资机制－研究－中国 Ⅳ.
①Ⅹ324.2

　中国版本图书馆 CIP 数据核字（2019）第022566号

环保产业发展与投资问题研究

著　　者：陈天妮
责任编辑：张　贤
封面设计：腾博传媒
出版发行：北京工业大学出版社
　　　　　（北京市朝阳区平乐园 100 号　邮编 100124）
　　　　　010－67391722（传真）　bgdcbs@ sina.com
经销单位：全国各地新华书店
承印单位：三河市明华印务有限公司
开　　本：787 毫米 ×1092 毫米　　　1⁄16
印　　张：10.75
字　　数：200 千字
版　　次：2018 年 12 月第 1 版
印　　次：2021 年 5 月第 2 次印刷
标准书号：ISBN 978－7－5639－6573－1
定　　价：58.00 元

前　言

从 1962 年蕾切尔·卡逊《寂静的春天》唤醒了人们的环境意识至今，环保产业发展仅有几十年时间，是名副其实的新兴产业。同时，环保产业又是一个备受关注的产业，是应对全球自然生态不断恶化、保障人类社会可持续发展的基石。因此，世界各国均十分重视环保产业的发展。在新常态下，我国环保产业不仅承担着实现经济"绿色"发展、建设生态文明社会的历史任务，也承担着调整产业结构、优化经济增长方式的现实重任。可以说，环保产业的健康发展对于我国经济社会的可持续发展起着至关重要的作用。但是，我国环保产业发展起步较晚，整体水平不高，普遍存在产业分布不均匀、产业结构不合理、产业区域发展不平衡、产业技术水平参差不齐等问题。

近年来，我国的环保产业在寻求一个可持续的发展路线，对环境保护相关行业的支持力度也不断加大。环保产业对于解决环境—经济发展的矛盾、改善环境以及解决环境问题至关重要，是实现经济、社会、环境可持续发展的必由之路。但环保产业在发展的过程中，需要诸多方面的支持，而资金支持是最为重要的。因为，资金的缺乏已成为环保产业健康成长的最大"瓶颈"。所以，探索适合于我国环保产业发展的投资机制，对于我国环保产业在产品创新、提升竞争力、在国际上立于不败之地尤为重要。

本书对我国环保产业发展与投资等问题进行了研究，首先介绍了环保产业的含义及相关理论，对我国环保产业的发展历程进行了回顾，对我国的污水处理、大气污染处理及固体废弃物处理技术进行了介绍；其次，阐述了环保产业市场化发展的驱动力，对环保产业的规模、市场结构、投资的现状与问题、环保产业投资的模式等进行了详细的分析；最后，对环保产业的发展模式及市场化发展提出了建议。希望可以推进我国环保产业的发展。

本书共七章约 20 万字，由上海神舟汽车节能环保股份有限公司陈天妮编写，在编写的过程中，吸收了部分专家、学者的一些研究成果和著述内容，在此表示衷心的感谢。由于编者水平有限，且成书过于仓促，书中缺点和错误在所难免。恳请广大读者批评指正。

陈天妮

2018 年 6 月

目　录

第一章　环保产业发展的理论基础 ……………………………………… 1

　　第一节　环保产业的含义及特征 …………………………………… 1

　　第二节　环保产业发展的相关理论 ………………………………… 9

第二章　我国环保产业的发展史及背景 ………………………………… 19

　　第一节　我国环保产业的发展史 …………………………………… 19

　　第二节　我国环保产业的发展背景 ………………………………… 22

第三章　我国环保产业常见污染防治技术 ……………………………… 34

　　第一节　污水综合处理 ……………………………………………… 34

　　第二节　大气污染防治 ……………………………………………… 55

　　第三节　固体废弃物资源化 ………………………………………… 59

第四章　环保产业市场化问题 …………………………………………… 72

　　第一节　环保产业市场化概念与理论 ……………………………… 72

　　第二节　环保产业市场化发展的驱动力 …………………………… 75

　　第三节　环保产业市场化发展的现状 ……………………………… 78

第五章　环保产业投资价值分析 ………………………………………… 86

　　第一节　环保产业规模分析 ………………………………………… 86

　　第二节　环保产业市场结构分析 …………………………………… 87

　　第三节　环保产业产品的供给、需求及服务 ……………………… 95

　　第四节　环保产业存在的问题 ……………………………………… 100

第六章　环保产业投资分析 ……………………………………………… 107

　　第一节　环保产业投资现状与理论 ………………………………… 107

第二节　环境污染与环保投资的关系 …………………………………113

第三节　环保产业投资存在的问题 …………………………………126

第四节　环保产业投资来源与模式 …………………………………128

第七章　环保产业发展模式及市场化发展建议 ………………………141

第一节　环保产业的发展模式 ………………………………………141

第二节　环保产业市场化发展的建议 ………………………………144

参考文献 ……………………………………………………………164

第一章　环保产业发展的理论基础

人类社会发展到今天，物质财富空前繁荣，人们的生活水平得到极大提高，人类进入了一个高度发达的文明社会。全球化的通信网络，高度发达的信息技术，使人类从未生活得如此便利和富足。但这并不能说明人类比以往任何一个时期都生活得更加舒适和惬意。人类在向自然界索取的同时，也给自身生存环境造成了污染，破坏了自然界的平衡。

第一节　环保产业的含义及特征

一、环境与环境问题

环境是相对于某一事物来说的，是指围绕着某一事物（通常称其为主体）并对该事物会产生某些影响的所有外界事物（通常称其为客体），即"环境"是一个相对的概念，是指相对或相关于某项中心事物的周围事物。环境是相对于某个主体而言的，主体不同，环境的大小、内容等也就不同。环境既包括以空气、水、土地、植物、动物等为内容的物质因素，也包括以观念、制度、行为准则等为内容的非物质因素。总之，环境既可以包括自然因素，也可以包括社会因素；既可以包括非生命体形式，也可以包括生命体形式。在中国及世界上其他国家颁布的环境保护法规中，对"环境"一词所做的具体界定，是从环境科学含义出发所规定的法律适用对象或适用范围，目的是保证法律的准确实施，它不需要也不可能包括环境的全部含义。《中华人民共和国环境保护法》中"环境"是指"影响人类生存和发展的各种天然的和经过人工改造的自然因素的总和，包括大气、水、海洋、土地、矿藏、森林、草原、野生生物、自然遗迹、人文遗迹、自然保护区、风景名胜区、城市和乡村等"。

人类发展经济的目的之一是改善和提高生活质量。生活质量的优劣主要通过社会财富的拥有量、环境质量状况、人的健康水平和教育水平等具体指标来体现。其中，环境质量是一个重要的衡量指标。所谓环境质量，是指环境总体或各要素对人类生存繁衍及社会经济发展影响的优劣程度或适宜程度，是反映人群具体要求的对特定环境评价的一种概念。显然，环境质量是对环境状况的一种描述，这种状况的形成，有自然的原因，也有人为的原因，而且从某种意义上说，后者更为重要。人为原因是指污染可以改变环境质量，而资源利用得合理与否同样可以改变环境质量。而当环境质量的变化对人类的生产、生活和健康造成影响时，就会引发环境问题。环境的恶化被称为环境危机。

环境问题是指构成环境的因素遭到破坏，环境发生不利于人类生存和发展乃至给人类造成灾害的变化。环境问题归根结底是由人类的生活及生产所引发的，具有一定的特性，主要表现在以下方面。

（一）环境问题造成的危害具有长期性

从环境发生变化到环境污染、恶化需要 10～20 年甚至更长的时间。1956 年震惊世界的日本水俣事件，时至今日危害仍然存在。事件起因是工厂将没有经过任何处理的废水排放到水俣湾中，这一行为对十几年之后的居民造成极大的伤害。正因为环境问题具有很长的潜伏期，当代环境破坏造成的影响可能在下一代人身上体现，因此现在国际舆论提倡可持续发展，实现代际公平。

（二）环境状态改变具有不可逆性

环境生态系统自身具有调节能力，但是一旦超过了一定限度，环境生态系统将丧失自身的调节能力。很多环境破坏从经济角度来看是永久性的破坏。例如，世界上的一些河流由于长期不合理的开发利用已经断流。

（三）环境资源具有有限性

地球的自然资源和环境的承载力是一定的，其供给不可能随着人类需求的增长而无限增长。在人口急剧增长、生产飞速发展、环境资源需求不断增长的同时，环境资源的有限性越来越明显。

（四）环境要素具有整体性

大气环境、水环境、土地环境、生物环境都是各种自然因素和多种社会经济因素共同作用的结果，各要素之间相互影响、相互制约、相互转移。某一要素受到污染，必然会引起其他要素的污染，导致整个环境受到破坏。

（五）环境问题具有不确定性

引起环境污染的因素复杂多样，污染造成的危害和损失，大多数也是间接的、潜在的，这就造成了环境问题的不确定性。环境的不确定性使人们容易忽略它的重要性，不能及时采取治理和防护的措施。

根据产生原因的不同，环境问题可以分为原生环境问题（又称第一环境问题）和次生环境问题（又称第二环境问题）。原生环境问题是指由自然力引起的灾害所致的生态环境问题，如火山爆发、地震、海啸等。次生环境问题是指由于人类活动作用于周围的生态环境所引起的生态环境质量的退化，以及这种退化反过来影响人类的生产和生活。次生环境问题从其产生的原因来看又可分为两类：一类是不合理地开发和利用自然资源，从而对自然生态环境造成的破坏，以及由此所产生的各种生态效应，即生态破坏问题；另一类是指人类在生产和生活过程中，所产生的有害物质进入生态系统的数量超过了生态系统本身的自净能力，造成环境质量下降或环境状况恶化，使生态平衡及人们日常的生活环境遭到破坏，即环境污染问题。次生环境问题大多是由人们的生产和生活方式引起的，因此 20 世纪70 年代以来，随着社会经济的发展，次生环境问题引起全球性的广泛关注。

二、环保产业的定义

环保产业是指在国民经济结构中，以防治环境污染、改善生态环境、保护自然资源为目的而进行的技术产品开发、商业流通、资源利用、信息服务、工程承包等活动的总称，是一个跨产业、跨领域、跨地域，与其他经济部门相互交叉、相互渗透的综合性新兴产业。环境产业在不同国家的叫法略有不同。英文文献中，有的称其为"Environmental Industry"，直译作"环保产业"；有的称其为"Environmental Goods and Services Industry"，直译作"环保产品与服务产业"；也有的称其为"Eco-Industry"，直译作"生态产业"。虽然称谓不同，但核心内容是一致的，国际上通用的术语为"环保产业（Environmental Industry）"，本书采用这一通用术语。

联合国发布的《综合环境经济核算 2003》（简称 SEEA）中对环保产业的定义如下。所谓环保产业，即环境货物和服务产业，"由这样的活动组成：即所生产的货物和服务用于水、空气和土壤环境损害及与废弃物、噪音和生态系统有关的问题的测量、预防、限制，使之最小化或得到修正。它包括降低环境风险，使污染和资源使用达到最小的清洁技术、货物和服务，同时也包括那些与资源管理、资源开采和自然灾害有关的活动"。该定义涵盖了目前研究涉及的所有环境保护活动，可以将其视为截至目前覆盖面最为完整、产业类别列示最为详细的环保产业定义。根据以上定义，可以认定环保产业是以环境资源为劳动对象，致力于环境资源的保护及环境功能的合理开发和利用，并获取经济效益的产业，因此其产业主要生产和销售关于环保方面的物质类产品和服务类产品。

国际上对环保产业有广义和狭义之分。广义的环保产业既包括能够在测量、防止、限制及克服环境破坏方面生产与提供有关产品和服务的企业，又包括能够使污染排放和原材料消耗最小量化的清洁生产技术和产品，这些技术和产品主要针对"生命周期（Life Cycle）"而言，涉及产品的生产、使用、废弃物的处理处置或循环利用的各个环节，即从"摇篮到坟墓"的生命过程。狭义的环保产业是指在环境污染控制与减排、污染治理及废弃物处理等方面提供设备和服务的行业，主要是相对于环境的"末端处理"而言的，提供用于"末端治理"的产品和服务，其环境功能与使用功能一致，如污水治理设备、污水处理厂运营等。广义的环保产业不仅涵盖了狭义的内容，还包括产品生产过程的清洁生产技术及清洁产品。许多欧洲国家（如德国、意大利、挪威、荷兰等）大都采用较狭义的定义，日本、加拿大、印度则采用相对广义的定义，美国则居于两者之间。目前，国际上认为狭义的环保产业定义可被视为环保产业的核心，但是由于国际环境保护越来越重视对产品的生命全过程的环境行为控制，因而必须将洁净技术与洁净产品纳入环保产业之内。因此，采用广义的环保产业是一个必然趋势。而事实上现在世界各国也都越来越认可广义的环保产业内容。

我国对环保产业的定义，根据 1990 年国务院办公厅发布的《关于积极发展环境保护产业的若干意见》中规定："环境保护产业是国民经济结构中以防治环境污染，改善生态环境，保护自然资源为目的所进行的技术开发、产品生产、商业流通、资源利用、信息服务、工程承包等活动的总称，主要包括环保机械设备制造，自然开发经营，环境工程建设，环境保护服务等方面。" 2004 年国家环保总局将环保产业补充定义为"国民经济结构中为环境污染防治、生态保护与恢复有效利用资源、满足人民环境需求，为社会、经济可持续发展提供产品和服务支持的产业。它不仅包括为污染控制与减排、污染清理与废物处理等方面提供产品与技术服务的狭义内涵，还包括涉及产品生命周期过程中对环境友好的技术与产品、节能技术、生态设计及与环境相关的服务等"。由此可见，我国的环保产业基本与国际上提出的广义环保产业概念一致，包括污染物管理防治和资源可持续管理及生态保护建设。

三、环保产业的分类

拥有成熟市场的美国环保产业，按其构成分为环境服务、环保设备及环境资源三大类。其中，环境服务又细分为环境测试与分析服务、废水处理工程、固体废弃物管理、危险废物管理、修复服务、咨询与设计；环保设备包括水处理设备与药剂、仪器与信息系统、大气污染控制设备、废物管理设备、清洁生产和污染预防技术；环境资源类可以分为水资源使用、资源回收、清洁能源三个方向。从其分类可以看出，美国环保产业具有较为完善的产业体系，其中环境服务业发展较为充分，拥有比较完善的服务体系，并且各分类部门分工明确，具有较强的市场竞争力。

根据环保产业依托对象的不同，日本将环保产业分为两类：一类是以先进的工业技术为基础的技术系环境产业；另一类是以社会、经济、人类行为为基础的人文系环境产业。其中技术系环境产业包括五个组成部分：污染防治技术、废弃物的适当处理、生物材料、环境调和设施、清洁能源；人文系环境产业包括六个组成部分：环境咨询、环境影响评价、环境教育和情报信息服务、流通、金融、物流。

我国学者对环保产业分类角度略有不同。按其产业技术经济特点可以分为四类：第一类为末端控制技术，第二类为洁净技术，第三类为绿色产品，第四类为环境功能服务。第一类重点关注生产链的终端，通过物理、化学或生物技术，实施对污染物的控制与治理；第二类主要负责在生产过程中，或通过生产链的延长，如回收与再利用，减少与消除环境破坏；第三类又称洁净产品，特点在于其在整个生命周期对环境无害；第四类着眼于环境资源功能效用的开发。

按产品的生命周期理论及产品和服务的环境功能，可将环保产业划分为自然资源开发与保护型环保产业、清洁生产型环保产业、污染源控制型环保产业、污染治理型环保产业四类。

四、环保产业的特征

环保产业作为一个新兴的产业，与其他经济门类的区别在于环保产业所提供的产品与服务是为了减少自然资源的损耗和消除环境污染的影响，具有一些与其他产业不同的特征。

（一）环保产业具有正外部性

环境资源是一种公共产品，且环保产品的使用具有正向外部效应。环保产业不是消费者主动消费需求的产物，而是经济活动的负环境外部性带来的引致需求的产物。环保产业和其他产业不同，其他产业主要用于创造企业效益和间接的社会效益，而环保产业则主要创造环境效益，这是一种公共效益，因为每个人都会受到环境的影响。由于环境效益的公共性及人本身会逐渐适应环境的特征，人们往往会忽视环境的渐进性改变，而很难感知环保产业发展带来的环境效益，这种感知只有通过对不同环境的对比才能得以实现，由此造成了环境效益的无形化。环境效益的无形化导致人们对于环保问题漠不关心，企业也缺乏相应的责任感，从而任由环境污染持续下去，最终导致整个国家的环境灾难。同时，又由于环保产业强烈的正外部性，没有人愿意为此负担治理成本，所以私人主体无力解决环保问题。在市场经济中，作为理性的经济人，每个消费者都有"免费搭车"的倾向，并且环保投入对企业来说是一种抵御性的支出，出于对自身成本的考虑，企业缺乏主动增加环保投入的主动性和积极性。但从全社会范围内来讲，发展环保产业有利于产业外的其他行为主体，是一件功在当代、利在千秋的好事，能够在实现经济增长的同时，创造巨大的社会效益，为生态环境保护、实现经济社会的可持续发展奠定基础。这就需要政府加大对环保产业的投入，承担起发展环保产业的重任，运用科学发展观，一切从人民利益出发，力争建设资源节约型、环境友好型的理想社会。

（二）环保产业具有渗透性及边界模糊性

从环保产业的定义中可以看出，环保产业的性质和作用是处理废弃污染物，保护生态环境，维持经济、社会、生态的可持续发展，提高人类的生存质量。而人类的社会经济活动离不开整个自然生态系统的支撑，在自然生态系统与建立在其上的社会经济系统之间相互作用、相互反馈的推动下，人类社会才能向前发展。因此，在这两大系统的物质、能量、信息的传递过程中，人类的每一项社会经济活动都会对生态环境产生直接的或间接的影响，而消除这种影响，维持两个系统间的平衡、稳定，正是环保产业的作用所在。因此，可以说，环保产业的影响渗透于一切社会经济活动之中。

总体而言，环保产业作为一个新兴产业，其涵盖范围极为宽泛，是一个跨领域、跨部门、跨行业的产业，涉及国民经济的方方面面，是国民经济内部各个产业部门有关环境保护部分的组合。许多环保产品与服务往往是由其他经济门类生产所提供的。环保产业所运用的技术涉及机械、化工、生物工程、电子、系统工程、管理等各行业技术和产业领域，其产品的使用范围触及生产、流通、消费的各个领域、各个阶段、各个层面。许多环保产品，尤其是"洁净技术"和"洁净产品"，实际上具有复合性特征，一方面它们具有一切应该具有的原始功能，这点同旧技术和旧产品并无不同；另一方面，它们又是一种全新的产品，在原有功能的基础上实现了节能降耗、环境安全，这是原来的旧技术与旧产品所不能比拟的。因此，可以说，环保产业是当今人类社会经济中渗透性最强的产业之一，与其他产业的产业关联度极高。这种性质使环保产业的发展具有很强的关联带动作用，能够拉动国民经济各个方面污染处理技术的进步，最终引导所有关联产业积极主动地加强环境保护、减少环境污染，实现生态平衡。

另外，由于环保产业广泛地渗透于所有产品的设计、生产、销售、消费的全过程，因此其产业边界便显得十分模糊，很难将它归入哪一类产业，甚至连涵盖范围很广的一、二、三产业分类也难以真正概括它的产业内容，因而造成了环保产业统计方面的困难。目前在我国，尚无一个从上至下的统一的有关环保产业的统计口径和计量方法，许多地方政府甚至没有做过相关统计，从而导致环保产业发展混乱、无序。如果实现科学计量环保产业的相关产值，除了能够改善我国环保产业的发展现状，改进环保企业的经营管理之外，还有利于衡量产品的环境品质提升所带来的经济、社会影响。因此，需要寻找一个有效的方法，如将对环保产品的"需求计量方式"与"供应计量方式"相结合，消除环保产业边界模糊性的干扰，形成健全的行业管理体系和统计分析体系，以便做出准确的计划和预测分析，有利于地区间、国家间的比较工作。

（三）环保产业具有政策依赖性

由于环保产业的正外部性，许多私人企业不愿意负担环保成本，而又会在逃避责任的同时偷排污染物，所以环保产业的发展最初离不开政府的强制性，这就导致环保产业兴起时主要受政府驱动，严格来讲，是受政府制定的环境法规驱动。因为只有在政府制定出环境标准及相关法律法规，或者通过公共环境设施的投入，将潜在的需求转化为实际的有效需求之后，才能准确有效地反映环境问题的起源背景，才能公正地处理环境破坏者、环境物品和服务的供应者、需求者三者之间的关系，从而打开环保产业的发展之门，由此形成了环保产业特有的政府驱动机制。这就使环保产业在发展过程中极易受到政府政策因素的影响，政策驱动已经成为环保产业发展的首因，这也是环保产业与大多数经济门类最显著的区别所在。通常来讲，一个产业的发展必然需要以市场为基础，参与市场竞争，接受市场价格机制的调节。但是环保产业则比较特殊，原因在于环保产业显著的公益性与正外部性，这些性质使市场无力进行资源有效配置，即导致市场失灵，市场失灵客观上决定了政府调控与干预的必要性，从而使环保产业的发展离不开政府的规章制度。实际上，任何环保防护标准、指标的制定，环保法律的出台，环保政策的实施都同政府活动息息相关，政府为环保产业发展保驾护航，另外政府部门的执法水平和政府对环保产业的财政投入又会反过来影响环保产业的市场需求。

（四）环保产业具有高新技术密集性

环保产业是一个技术密集型的综合性产业。环保产业的发展体现了全球产业结构调整的方向及公众消费观念和方式的转变，而产业结构的提升和消费方式的进步又是建立在技术进步和生产力提高的基础之上的，所以环保产业具有技术密集、科技含量较高的特性。环保产业的技术发展方向，一是对传统技术的改造，以达到减少污染的目的，如各种污染防治技术；二是新技术的研究开发，如洁净技术和洁净产品，其特点是高效性、节能性和替代性。所以说，科技投入与技术开发是保证环保产业发展的重中之重，关乎环保产业的生死存亡，不仅对环保产业如此，对其他产业也是如此。技术创新不仅能够不断改进环保产品与服务的质量、显著增强环保产业的市场竞争力，而且会对环保企业的市场前景构成重大影响。总之，环保产业离不开高科技的支撑。事实上，环保产品从产品设计开发之初，经过中间环节的生产过程，一直到推向市场，都强烈依赖科学技术的创新。当前，环境问题已经引起世界各国的普遍重视，欧美发达国家制定的环境标准也愈加严格，环保产业竞争力也较强。在这种情况下，我国只有坚持走技术创新的道路，积极引进借鉴外国先进技术，尽可能在显著降低产品成本的同时改善产品质量和提高产品应用效果，才能在国际市场上占有一席之地。在这种条件下，IT

信息技术、生物工程技术及其他新材料、新能源技术正在不断地被引进环保产业的各个领域。总而言之，环保产业发展，科学技术先行，只有不断进行科技创新，才能保持竞争力，让环保产业永葆青春。

（五）环保产业具有动态发展性

环保产业的范畴随着经济的发展及环境问题的变化呈动态发展，以体现其与经济、与自然环境系统协调的特殊性质。从污染物的末端治理到产品生产工艺流程中的过程控制，再到以产品为核心的全过程管理，体现了环保产业的发展摆脱了传统"解决问题"的思路，而转向"预防问题发生"的新思路。这种动态发展的特性一方面适应环境质量要求的不断提高，成为环保产业发展的动力及目标；另一方面又反映了经济发展过程中社会公众的环境意识水平不断提高，对改善生存质量的要求不断加强，以及人类对生存系统和自然生态系统协调发展的认识进一步深化所带来的生活方式的改变。

另外，由于环保产业的产品单价相对较高，往往属于资本密集型和技术密集型产业，所以对于不熟练劳动力而言，其吸纳就业的作用并不明显。而我国由于人口众多，存在大量的过剩劳动力，因此以往的产业政策大多侧重于发展劳动密集型产业，如建筑、纺织等行业。当前我国环保产业的发展严重依赖制造业，导致环保产业转型受限。所以从长远来看，环保产业本身也需要不断升级以适应我国国情的需要，即逐渐向环保服务业方向发展，这样既能创造经济价值，又能保护环境，同时还能够显著地吸纳就业。相信未来低端制造业利润率的不断摊薄，环保产业在更多先进技术和先进理念的支持下，能够顺利实现产业的转型和产品的升级换代，从而满足企业更加丰富的个性化需求。

（六）环保产业具有较强的产业关联性

由于环保产业全方位的渗透性及边界的模糊性，因此具有较强的产业关联特性。环保产业对相关产业的带动性体现在，环保产业自身的技术进步将推动相关产业的技术进步、产品更新，以及由此产生的新兴产业部门。另外，环保产业发展要求的技术改造和技术创新需要购置与建造新的设施和装备，由此引起的物质、技术、资金、信息等方面的需求会对其他部门产生产业关联型的带动作用。这种关联作用不仅从技术上保证了经济的可持续发展，还为产业调整、产业结构更新提供了新的思路。另外，环保产业发展成为独立的产业后，其全方位渗透现象将成为产业管理的难题。

产业关联性使环保产业成为产业间良性互动发展的"无缝接口"。实际上，对于不同类型的环保产业，产业关联性对其造成的影响也不尽相同。在此我们将环保产业分成两类：一类为末端治理型环保产业，主要从事环境污染的事后处理；另一类是清洁生产型环保产业，主要致力于在生产过程中节能降耗，提高资源利用率。就这两类环保产业而言，末端治理型环保产业发展阻力较大，而清洁生产型环保产业则受到企业的广泛欢迎。其原因在于末端治理作为一种事后处理方法，需要直接进行劳动力与资本设备的投入，相关费用则从企业成本列支，这必然引起企业股东的反弹，同时由于环保立法、执法存在漏洞，企业往往抱有侥幸心理，逃避相关责任，不愿意负担污染治理的成本，在这一点上，无论盈利企业还亏损企业，其态度都是相同的。但是对于清洁生产型环保产业来说，情况则变得完全相反，企业发展在客观上要求开源节流，即一方面努力开拓市场，提高销售收入，另外一方面则要改进技术、改善管理、提高资源利用效率，同时对废弃物进行回收利用，以达到节约成本的目的。此时，清洁生产型环保产业恰恰能够帮助企业解决这一棘手问题，二者在利润最大化目标上是完全一致的，在追逐利润的同时，也实现了环境友好型发展的目标。

（七）环保产业具有在发展方向上的多元性

环境污染的多样性要求环保产业要跨领域、跨行业发展，导致环保产业同时关联很多其他产业，从而使环保产品呈现出品种繁多、用途各异、适用范围复杂分散等特征，进一步表现为环保产业发展方向的多元化。这种多元化造成了各个企业在生产要素投入比例方面的差异化，即在第一、二、三产业中均有环保产业产出。为了促进就业，目前我国提倡环保服务业的发展，但第二产业仍然是环保产业发展的重要支撑点，因为它能保证环保产业持续向前发展。在工业化尚未完全实现的时候，不应过分强调环保产业在第三产业中的产出，否则将会不利于环保产业的整体协调发展。

当前，我国为了解决环境问题，实现清洁生产，相继在全国各地建设了一批生态工业园区，这在一定程度上促进了环保产业的发展。但是，如果仅将目光局限于生态工业园区的建设，就不符合环保产业的多元化发展特征，对环保产业的长期发展是不利的。实践证明，环保产业必须融入城市化与工业化的发展进程，同其他产业互为前提，产生强烈的共生关系，才能实现持续协调发展。

第二节　环保产业发展的相关理论

一、环境经济学理论

（一）外部性理论

经济外部性理论是 20 世纪初由著名的经济学家马歇尔提出的，随后英国经济学家庇古丰富和发展了外部不经济性理论。庇古在其所著的《福利经济学》

中指出："经济外部性的存在，是因为当 A 对 B 提供劳务时，往往使其他人获得利益或者损害，可是 A 并未从受益人那取得报酬，也不必向受损者支付任何补偿。"根据庇古关于外部性的定义，可以将外部性理解为在实际经济活动中，生产者或消费者的活动对其他生产者或消费者带来的非市场性的影响，而这种影响并没有通过货币形式或市场机制反映出来。外部性本质上是一种成本或者效益的外溢现象。

外部性有外部经济性和外部不经济性两个方面。经济活动以商品和服务的形式满足人类的需求并有利于人类的生存与发展，称为"外部经济性"；经济活动在满足人类生产和生活需要的同时，又产生废弃物造成环境污染，损害人类的利益，这样的经济行为被称作"外部不经济性"。对经济过程来说，与环境问题有关的外部性，主要是对资源的破坏、浪费和对环境的污染，是生产和消费过程所产生的外部不经济性。

经济理论认为，外部性会导致资源配置偏离帕累托最优状态，当某一经济个体为其活动所付出的个人成本大于其活动所造成的社会成本，外部不经济性就会发生。不合理的经济活动中对资源的破坏和环境污染的发生就是因为把这种外部不经济性属于经济过程的成本或代价转嫁给了社会大众，社会上的其他个体要牺牲更多的福利来弥补某个个体的行为成本。这样做的后果一方面使经济活动的支配者得到超额收益，另一方面减少了大众福利，降低了生活质量，影响了整个生态系统的可持续发展。可以说，环境问题归根结底是由环境外部不经济性引起的。

解决外部不经济性的一个重要手段就是将外部不经济内部化。外部不经济的内部化就是使生产者或消费者产生的外部费用进入生产或消费决策，由其自身来承担或消化。"污染者负担"或"污染者付费"就是基于此理论而建立起来的环境经济政策。将外部性问题寓于内部性问题中，可以最大限度地调动每一个生产者或消费者的积极性，而且能够充分利用市场机制的作用，是比较理想的解决外部性问题的办法。外部不经济内部化主要依靠政府的作用，通过法律和行政干预的手段而达到。

（二）公共物品理论

19 世纪 80 年代，公共物品理论作为一种系统理论出现。现代经济学家对公共物品的研究始于萨缪尔森 1954 年和 1955 年发表的两篇论文。由于公共物品思想源于对政府、国家职能的讨论，加之萨缪尔森在假设政府了解每一个居民偏好的前提下给出了政府提供公共物品的效率前提，即"萨缪尔森原则"。该原则导致一种假象，即公共物品似乎只能由政府来提供，以至于人们认为公共物品之所以为公共的，原因是由政府提供的，在理论中出现了由生产主体决定物品类型的传统思路。此后，马斯格雷夫、科斯、布坎南等人分别从不同角度对公共物品进行分析，从而形成了丰富的公共物品理论。

美国经济学家穆勒在《理论环境经济学》一书中提出："自然环境乃是一种公共商品，一种公共财产。对于这样的商品，不存在那种购买者和销售者都可以显示其偏好的市场。这是因为，举例来说，如果某人能购买到高质量的空气，那么居住在其周围的所有人也会从这笔交易中获益。因而，个人没有动机要为改善环境质量做些什么，但由于每个人都受其自身利益的驱使，所以在那些引起这种恶化的人们与那些受到这种恶化影响的人们之间不可能取得一致。因此，环境质量下降的基本原因是市场不能适用于这种公共商品。"所谓公共物品就是与私人物品相反，不具备明确的产权特征，形体上难以分割和分离，消费是不具备竞争性或排他性的物品。经济学家认为，纯粹的公共物品必须具备以下两个特征中的一个或两个：一是消费的无竞争性；二是消费的无排他性。一般的公共物品在被消费者享用时，或多或少地会影响到他人，存在一些外部性，纯粹的公共物品很少。从产权界定的角度看，在市场体制中一切经济活动都以明确的产权为前提。在一个自由竞争的市场中资源最优配置的产权结构应具备以下四个特点：明确性、排他性、可变性、强制性。一个物品并不具备上述四项有效产权特征，则认定该物品是公共财产资源。从产权的角度可见，大多数公共物品属于公共财产资源。公共财产资源同时具有效用的不可分割性和受益的非排他性，但在消费上具有竞争性的特点，即属于具有非排他性，但有竞争性的物品。由于公共物品产权不明晰，经济活动中生产者可以根据自己的费用效益决策原则使用环境资源并排放废弃物，造成滥用资源的结果。

（三）环境库兹涅茨曲线

20世纪50年代中期，西蒙·库兹涅茨在研究中提出假设：在经济发展过程中，收入差异一开始随着经济增长而加大，随后这种差异开始缩小，这一变化在二维平面坐标中表现为倒U形曲线，也称为库兹涅茨曲线。这一假设运用到环境经济学中可推出：在经济发展过程中环境先是恶化，之后得到改善。环境质量与经济发展的这种倒U形曲线被称作环境库兹涅茨曲线。

环境库兹涅茨曲线的含义为，在人均收入达到一定水平后，经济发展会有利于环境质量的改善。随着经济的发展，环境质量开始不断退化。当环境退化到一定程度后，即达到环境阈值时，人们开始采取措施保护环境，使环境质量逐步得到改善，同时又促进了经济的发展。发达资本主义国家所走的道路就是倒U形环境库兹涅茨曲线典型代表。倒U形环境库兹涅茨曲线不是唯一的结果。在现实生活中，环境保护与经济发展的关系除了倒U形的环境库兹涅茨曲线外，还有两种可能的曲线。

①不可持续发展曲线。随着经济的发展，环境质量开始不断退化，当环境退

化超过生态不可逆的环境阈值水平时，人们仍然忽视环境问题，不采取措施保护环境，导致环境质量继续恶化，同时经济发展也停滞甚至倒退至零起点。完全沙漠化的森林、草原就是不可持续发展曲线的典型代表。

②可持续发展曲线。在经济发展初期，人们就采取积极的预防措施来保护环境，使环境质量始终保持在良好状态，真正实现环境、经济、社会的可持续发展。

（四）物质平衡理论

20 世纪 70 年代初，克尼斯、艾瑞斯和德阿芝在《经济学与环境》（*Economics and Environment*）一书中依据热力学第一定律的物质平衡关系，提出了著名的物质平衡模型。物质平衡理论提出，一个现代经济系统由物质加工、能量转换、残余物处理和最终消费四个部门组成，这四个部门之间及由这四个部门组成的经济系统与自然环境之间存在着物质流动。从整个经济系统物质平衡的角度考虑，经济系统的投入是燃料、食物和原材料，经过生产之后这些投入的一部分转换成有效的最终商品，另一部分变成污染物排放进环境。除被储存商品外，最终商品被消费后也要变成污染物返回环境。

根据新古典经济学代表米尔茨的观点，人类的福利和效用不仅取决于其所消费的资源和服务，还要受人类生活环境质量的影响。人类的经济活动就是从环境中获取自然资源，然后加入能量将其转化为人们所需要的形态，而这种经济活动必然伴随着污染排放的行为，由于企业要节省防治污染的费用，因此就改变了环境的质量。根据物质平衡理论有：

$$R = M - C$$

R 代表排出物，M 代表从环境中获取的物质，C 代表资本积累。为了减少排出物，或者减少从环境中获取的物质，或者增加资本积累。事实上，资本积累的本身就引起一种污染问题，其对物质财富和服务的增加并无贡献。若采取减少从环境中获取的物质 M 的方法，可以通过控制、缩小生产来实现，但是这一举动会导致生活水平的下降（生活水平和环境污染并不成比例，生产量大、生活水平高的国家并不比生活水平低的国家污染严重）。因此，在没有别的替代手段的前提下，经济主体不会采取全面缩小生产量的方法，而只能采取环境保护政策，增加环保投入，改造产生污染物的产业结构，或增加环保投入和服务，全面减少排出量。另外，可以通过物质的再利用和循环使用，重新减少从环境中获取物质的量。环保业发展趋势及循环经济的理论基础也在于此。所以要进一步提高科学技术，使物质循环行之有效。环境作为公共财产，如果政府不采取措施干预和控制，经济主体就会采用最省钱的方式排放污染物，从而加重环境污染。

（五）最优污染水平

E.S.米尔茨在《环境质量经济学》中认为，环境恶化的本质源于外部性的市场失灵。同时，他对福利经济学进行了重组，通过成本效益分析确定了"污染的最佳量"，并试图使"在限制污染量的基础上使资源分配最适化"。在此基础上，经济学家总结出最优污染水平。所谓最优污染水平，就是能够使社会纯收益最大化的污染水平。社会纯收益是私人纯收益减去社会（他人）为环境污染而支付的外部成本的值。经济主体为了追求自身利润，即私人纯收益，会尽可能降低用于支付环境污染的外部成本，如果国家干预力度不强，经济主体就会选择直接向环境排放污染物这种完全不支付环境外部成本的经济行为。

达到最优污染水平的手段，可以是市场机制，也可以是国家干预。无论采用哪一种手段，都需要交易成本，即包括了解信息、进行谈判、订立和执行合同或法规等的成本。在一般情况下，通过市场机制解决环境问题所需要的交易成本过高，在某些条件下（如涉及后代人利益时）市场机制根本无法发挥作用，所以在解决环境污染和生态破坏问题时，通常需要国家干预。国家干预也需要通过成本效益分析，才能做出合理的政策选择。

利用成本效益分析方法测算出最优污染水平，可以为政府制定环境税提供定量分析的理论依据。但这种方法在实际操作中仍有很大的困难，只有污染者必须在经济上为自己的行为负责的前提下，国家才可能用经济手段来调控污染者的行为。

二、产业发展理论

（一）经济增长与经济发展

经济增长是指一国的人均生产（国内生产总值）或人均收入（国民收入）的增加。按照经济增长的含义，只要一个国家的国内生产总值增加了，无论从任何意义上看，都把这种增加视为经济增长。由于经济增长是一个可以量化的概念，因此经济学家对经济增长的研究大部分是以数学模型来表现的，其中比较著名的包括哈罗德—多马模型、新古典增长模型和新剑桥经济增长模型等。

经济发展的含义要比经济增长的含义广泛得多。经济发展除了包括人均收入的提高外，还包括经济结构的根本变化。这其中两个最重要的结构性变化是在国民生产总值中农业的比重不断下降而工业的比重则不断上升，以及城市人口在总人口中的比重不断上升。经济发展不仅包括经济数量的变化，还包括经济质量的变化。

经济增长与经济发展的关系是相互的，没有经济增长就谈不上经济发展，经济增长是经济发展的基础，是消除贫困的重要手段，是社会进步的必要条件。但是片面地追求经济增长会给资源、环境带来极大的破坏，虽然物质生活水平提高了，但是生活的环境却愈加恶劣，生活质量相应下降。因此，经济增长不一定带来经济发展。在国际社会日新月异的今天，经济可持续发展是人类共同追求的目标和手段。

（二）产业发展的生命周期理论

产业发展是指产业产生、成长和进化过程，既包括单个产业的进化过程，又包括产业总体，也就是国民经济整体的进化过程。产业进化过程的核心是产业结构的合理化及优化过程。对于具体产业而言，产业进化过程就是指产业内部结构合理化，产业地位上升成为主导产业或者支柱产业的过程，某产业的发展对经济增长和经济发展的带动作用明显增强的过程。对于国民经济整体而言，产业进化过程是指产业结构升级、主导产业或者支柱产业有序更替的过程。总的来说，产业总体的发展过程就是不断由不完善到完善、不成熟到成熟阶段的演变。

产品的生命周期是指产品从最初投入市场到最终退出市场的全过程。某种产品在市场上的销售额和利润量的变化反映出产品市场生命周期的具体演变过程，会经过进入期、成长期、成熟期和衰退期四个阶段。

产品的生命周期决定产业的生命周期，产品生命周期的四个发展阶段也反映了相关产业兴衰的演变过程。根据产品生命周期的特点，产业生命周期一般分为四个阶段，即形成期、成长期、成熟期、衰退期。

在产业的发展过程中，产业在不同的生命周期中，有不同的结构特点和作用。产业周期存在着以下几个特点。首先，不是所有的产业都有生命周期，如理发业、清洁水供应业等就不具备产业生命周期。其次，产业生命周期存在缩短的趋势。随着科技更新速度的加快，技术开发周期缩短，产品升级更新换代的速度加快。再次，许多产业可能"衰而不亡"。进入衰退期的许多传统产业，虽然在国民经济中所占的比重在不断下降，但是对产业产品的需求不会完全消失，因此这些产业不会真正地退出市场。真正退出市场的产业并不多见。最后，衰退产业可能革新焕发生机。由于科学技术进步和消费结构的变化，有些进入衰退期的产业可能通过高新技术的改造和改良、降低成本、提高质量、改进性能，重新获得市场的青睐，恢复产业成长期，甚至成熟期的特征。因此也有经济学家认为，只有"夕阳技术"，没有"夕阳产业"。

处在不同的产业生命周期，产业在国民经济中呈现出不同的经济地位和作用。处于形成期和成长期的产业，一般是新兴产业、朝阳产业、先导产业。处于这个时期的产业产出占全部产业产出的比例低，但市场潜在需求巨大，它们生产新产品、技术先进、代表产业发展的方向、发展速度快、增长率高，有的还具有很强的带动其他产业发展的能力，能够引起产业结构的变动，很有可能发展成主导产业。

进入成熟期的产业在产业结构和国民经济中所占比重较大，对其他产业的发展产生较大的影响，产业增长速度明显超过产业系统的平均增长速度，起到支撑国民经济发展的作用。成熟期的产业市场需求达到该产业整个发展中的最大值，具有较为长期和稳定的产出和收入。不能说成熟期的产业都是主导产业、支柱产业，但是主导产业、支柱产业必然处于其产业的成熟期。

进入衰退期的产业一般是传统产业、夕阳产业、衰退产业。产业进入衰退期意味着该产业在整个产业系统中的比重不断下降。由于市场需求萎缩、产品老化、产品比重下降、技术陈旧，因此出现效益增长缓慢或下降的现象。进入衰退期的产业理论上有三种结果：一是退出市场，产业消亡；二是产业转移到经济发展水平较低的国家，开辟新的市场；三是利用高新技术进行改造、产业内部结构调整，再次进入成长期，甚至发展成为成熟产业。

（三）产业发展趋势

从全球视角看，产业发展呈现融合化、簇群化和生态化的趋势。产业融合是指不同产业或同一产业内的不同行业相互渗透、相互交叉，最终融为一体，逐步形成新的动态发展过程。产业融合的发展过程可以划分为三个阶段：技术融合、产业与业务融合、市场融合。在此基础上产业融合可以分为三类：一是高新技术的渗透融合，也就是说高新技术及其相关产业向其他产业渗透、融合并形成新的产业；二是产业间的延伸融合，即通过产业间的功能互补和延伸实现产业间的融合，这类融合通过赋予原有产业新的附加功能和更强的竞争力，形成融合性的产业新体系；三是产业内部的重新融合，即发生在各个产业内部的重组和整合过程中，如工业、农业、服务业内部相关联的产业通过融合提高竞争力，以适应市场的需要。

产业簇群是指在某个特定产业中相互关联的、在地理位置上相对集中的若干企业和机构的集合。其外部形态表现为由一大群特定领域的企业与企业间、政府机构与企业间、科研院校与企业间、社区机构与企业间的各种组织所形成的具有一定规模的产业群落，如科技园区和产业基地。实践证明在一定的规模内，产业簇群内的企业越多，产业的规模越宏大，对企业的正面效应就越强，对新企业的吸引力越大。产业簇群化的优势是，可以有效地促进企业资源的整合，可以克服机会主义，降低交易费用。

产业生态化是人类构筑经济社会与自然界和谐发展，实现良性循环的新型产业发展模式，是产业发展的高级形态。产业生态化的目标是，在促进自然界良性循环的前提下，合理开发利用区域生态系统的环境和资源，充分发挥物质的最大生产潜力，防治环境污染，达到环境、经济、社会的协调发展。

三、可持续发展理论

（一）可持续发展理论提出的背景

发展是人类生存及社会进步的主题。在漫长的历史文明过程中，人类经历了采猎文明、农业文明、工业文明、生态文明四个阶段。目前，人类正处于由工业文明向生态文明过渡的过程中。

20世纪五六十年代以来，人口的迅速增长，环境问题的加剧，以及全球经济的发展引起人们对传统的"工业化发展观"的思维方式的反思，可持续发展思想及其相关战略应运而生。1962年美国海洋生物学家蕾切尔·卡逊发表了《寂静的春天》，通过对污染物聚集、迁移、转化的研究，揭示了污染物对生态系统的影响，提醒人们长期以来行进的道路并不如人们所预期的那样顺利，而是潜伏着各种灾难。虽然卡逊并没有提出有效的解决方法，但是由此引发了人类对自身行为和观念的反思。

1972年德内拉·梅多斯发表了罗马俱乐部的第一份研究报告《增长的极限》。报告认为，由于世界人口增长、粮食生产、工业发展、资源消耗和环境污染的指数增长，地球的支撑能力将会达到极限，避免因超越地球资源极限而导致世界崩溃的最好方式是限制增长，由此提出"零增长"。虽然《增长的极限》的结论存在缺陷，但是在当时的时代背景下唤起了人们关于未来环境的忧患意识。同时，报告中所阐述的"合理的、持久的均衡发展"为日后可持续发展理论成型奠定了基石。

同年在瑞典斯德哥尔摩召开的联合国人类环境会议共同探讨了人类面临的环境问题，并通过了《联合国人类环境会议宣言》，该宣言所关注的环境与发展的关系被认为是最早的可持续发展思想。

1987年挪威前首相布伦特兰夫人向联合国提交的《我们共同的未来》报告，对可持续发展的概念做出界定。1992年在巴西里约热内卢召开的联合国环境发展大会上，通过了《里约热内卢环境与发展宣言》和《21世纪议程》，第一次将可持续发展由理论和概念推向行动，标志着可持续发展理论已经开始成熟并应用于指导实践。

可持续发展是从更深层次、更广层面、更远目标来解决人口、环境与经济问题。关于可持续发展有许多不同的定义，根据美国环境学家哈瑞斯1998年的统计，全球可持续发展的定义多达113种。目前国际比较认可的解释是《我们共同的未来》中对可持续发展的定义："既满足当代人的需要，又不对后代人满足其需要的能力构成危害的发展。"可持续发展是一种兼顾局部利益和全局利益、当前利益和长远利益，既实现经济发展的目标又实现人类赖以生存的自然资源和环境的和谐，使生态和环境质量不断提高、人口数量得到有效控制、人口结构不断改善、人口质量不断优化的协调发展的思想。可持续发展的核心是经济发展与保护资源、保护生态环境的协调一致，是为了让子孙后代都能够有充分的资源和良好的自然环境。

自 1992 年里约热内卢环境发展大会以来，已经有 80 多个国家把《21 世纪议程》的主要内容纳入国家发展规划，6 000 多个城市在议程的指导下制定了远景目标。国际社会还运用法律形式加强国家间的环保合作。例如，196 个国家签署的《联合国气候变化框架公约》，特别是 1997 年通过《京都议定书》。

（二）可持续发展理论的基本思想和基本原则

可持续发展既是人类追求的终极目标，也是实现人类进步的有效手段。可持续是人类终极目标，这是因为人类在追求自身发展时一定会改造环境及利用自然资源，在认清这一事实的同时，力图做到合理地开发、利用自然资源，使人类向前发展的方式是可持续的。可持续发展又是人类进步的有效手段，这是因为若要实现人口、资源、环境可持续发展，势必要走一条可持续发展的经济发展道路。针对目前的情况，可持续发展更应作为一种发展的手段，促进人类经济、社会、文化协调发展。

可持续发展强调环境与经济协调发展，追求人与自然和谐相处，其基本思想体现在经济持续、生态持续、社会持续三个方面。经济持续即可持续发展鼓励经济增长，不仅追求经济增长的数量，而且重视经济增长的质量；生态持续即资源的持续利用和良好的生态环境，这也是可持续发展的标志；社会持续即谋求社会的全面进步，也是可持续发展的目标。总之，生态持续是前提，经济持续是基础，社会持续是目的。

可持续发展包含了如下三个方面的基本原则。

1. 公平性原则

所谓公平，是指机会选择的平等性。公平性原则包括代内公平、代际公平两个方面。代内公平是指本代人的公平，即同代人之间的横向公平。可持续发展要满足全人类的基本需求和给全人类机会以满足他们要求较好生活的愿望。在贫富悬殊、两极分化的社会，不可能实现可持续发展，因此要给世界以公平的分配权和公平的发展权。无论发达国家还是发展中国家，都有权对本国资源进行开发和利用，同时公平限制其对有限资源的开发和利用。代际公平是指世代人之间的纵向公平。一代人的发展不能以损害后代人的发展条件为代价，要给后代人公平利用自然资源和环境的权利，使后代人与本代人一样享有公平利用自然资源的权利。本代人不该预支后代人赖以生存的自然资源，不能因为本代的发展而牺牲后代人的利益。

2. 可持续性原则

可持续性原则的核心是人类经济和社会发展不能超越资源与环境的承载能力，即不仅要考虑到人与人之间的公平，还要顾及人与自然之间的公平。资源与环境是人类生存与发展的基础，人类活动的目标是经济、社会和生态环境三者持续发展的高度统一。人类要根据持续性原则调整自己的生活方式，确定自己的消耗标准，而不是过度生产和过度消费。发展一旦破坏了人类生存的物质基础，发展本身就是一种衰退。

3. 共同性原则

可持续发展作为全球发展的总目标，所体现的公平性和可持续性是共同的。实现可持续发展是世界上不同发展程度、不同文化背景的国家和人们共同的责任和义务。

（三）可持续发展思想对环保产业的指导意义

可持续发展的根本目的是要实现三个目标，即经济目标、社会目标、环境目标，与此相对应产生的三种效益为经济效益、社会效益、环境效益。经济可持续发展是基础，社会可持续发展是最终目标，环境可持续发展是支撑条件，三者相互协调，共同发展是可持续发展理论的核心内容。为使这一核心内容有效实施，走环境保护产业化道路是可持续发展的客观需要，环保产业的发展壮大是有效地实现经济效益、社会效益、环境效益的坚实基础。

可持续发展理论对环保产业发展具有理论指导意义。

可持续发展是人类社会未来发展的必由之路，产业结构调整势在必行。在可持续发展理论支撑下的产业结构调整不仅要从经济产业结构的角度出发，还要从环境的角度出发。在此条件下产业结构的调整和演进促使环保产业的产生和发展，环保产业的发展方向也符合可持续发展的目标。

可持续发展的核心是经济发展和环境保护相协调。环保产业正是保证经济可持续发展的重要物质基础之一，同时环保产业的发展可以促进环境保护和资源的合理利用，进而提高社会效益。

可持续发展必须依靠科技进步。环保产业作为技术密集型的新兴产业，只有不断地提高技术开发水平，才能够有更广阔的发展空间，更好地为经济的可持续发展提供技术保障。

第二章 我国环保产业的发展史及背景

第一节 我国环保产业的发展史

一、萌芽时期

由于环境资源是一种公共产品，环保产业的产品对于消费者而言不是其主动的消费需求，而是人们经济活动中负外部性的产物，是环境破坏者需要承担的责任和负担，是受到政府法规的约束和监管而形成的需求。环保产品的需求者存在"被迫需求"的特征。因此，环保产业在起始阶段的发展比较艰难，需要极强的政府驱动因素参与其中。中国在20世纪60年代开始提出治理"三废"，一些国营重化工企业开始应用除烟除尘设备。1973年第一次全国环境保护会议确定了环境保护的"三十二字方针"，即"全面规划、合理布局、综合利用、化害为利、依靠群众、大家动手、保护环境、造福人民"，并通过了《关于保护和改善环境的若干规定（试行草案）》。从此，环境保护工作在全国展开。1978年全国第五届人民代表大会通过的《宪法》，对环境保护做了明确规定："国家保护环境和自然资源"。1979年颁布的《中华人民共和国环境保护法（试行）》确定了环境保护的基本方针（即"三十二字方针"）和"谁污染，谁治理"的政策，明确要建立机构，加强管理，使我国环境工作走上法制轨道。这段时期比较重视"三废"的危害，特别强调了"三废"治理和综合利用。同时，根据我国实际，吸收国外经验，先后实施了"三同时"制度、排污收费制度、环境影响评价制度，即通常所说的"老三项制度"。

这段时期关于环境保护的法律法规的出台促使企业开始重视安全生产、劳动保护和废弃物处理，有了市场需求，一些企业开始从事除尘、防毒、污水处理等设备的生产。由于市场前景未知，前期投资规模较小、品种单一、产品数量不多。但中国的环保产业已开始在懵懂中孕育成长，环保市场也初步建立起来。

二、初级发展时期

20 世纪 80 年代是中国环保产业初级发展时期，主要体现为政府主导、法规驱动型产业发展。此时期全国产业结构仍以第一产业为主，重点发展第二产业，各地重化工业频频上马，造成全国性工业污染严重泛滥。由于各地政府财力不足，缺乏环保意识，各地环境监督管理工作很不到位。环境保护工作主要靠中央政府出台若干项环保方针政策。1983 底召开的第二次全国环境保护会议，明确将环境保护作为中国的一项基本国策。提出了"三建设、三同步、三统一"的战略方针，确定了强化环境管理作为环保工作的中心环节。1984 年中国环保工业协会正式成立。1988 年 6 月 22 日，国务委员、国务院环境保护委员会主任宋健同志提出发展环保产业的问题，"环保产业"作为一个新概念第一次被提出，很快就引起了社会各方面的关注，产生了广泛而积极的影响。1989 年国家环境保护局组织全国第一次环保工业调查，第一次对全国的环保工业生产、经营等情况进行统计和分析，从而使社会各界更清楚地看到发展环保产业的重要性。

1989 年召开的第三次全国环境保护工作会议中，党和政府对发展环保产业极为重视，在《国务院关于当前产业政策要点的决定》中把发展环保产业列入优先发展领域，此后国家环境保护局专门对这个问题做了调查研究。此时，环保产业的初级发展规模逐渐显现。这一时期中国环保产业的形成具有较强的地域性，主要集中于我国重化工业密集的地区，以东北、华北为主要市场区域，环保产业主要是以治理工业粉尘污染、水污染、大气污染为主的环保设备制造业。据统计，1988 年全国用于环境污染治理的资金投入为 74 亿元，当年环保产品产值为38 亿元，环保企业大多规模较小，技术水平较低。

三、快速发展时期

进入 20 世纪 90 年代，党中央、国务院对发展环保产业高度重视，颁布实施了一系列环境保护法规、标准，加大了环境污染的治理力度，制定了鼓励和扶持环境保护产业发展的政策措施，中国环保产业迈入了快速发展时期。

1992 年 8 月，在联合国环境与发展大会以后不久，国务院批准了《中国环境与发展十大对策》。其中指出："在产业结构调整中，要严格执行产业政策，淘汰那些能源消耗高、资源浪费大、污染严重的工艺、装备和产品。"各级政府、有关部门、各企事业单位都要针对本地区、本行业存在的主要环境问题，"积极研究、开发或引进节能环保的新技术、新材料，选择、评价和普及环境保护适用技术""要把环保产业列入优先发展领域。开发和推广先进实用的环保装备，积极发展绿色产品生产，建立产品质量标准体系，提高环保产品质量"。这十大对策吸取了国际社会的新经验，包括综合决策和可持续发展，也总结了中国环保工作 20 年的实践经验，集中反映了当时和其后相当长的一个时期中国的环境保护趋势。同年发布的《关于促进环境保护产业发展的若干措施》，提出了"积极扶持，调整结构，依靠科技，提高质量，面向市场，优质服务"的发展环保产业的指导思想。

随着中国改革开放不断深入，市场经济席卷各行各业，环保产业的市场化发展被提上日程。从 1991 年开始，国家环境保护局开始了最佳环保实用技术的筛选与推广工作，加大了对环保产业的技术动力支持。从 1994 年至 1997 年中国环保产业发展建设稍有放缓，但更趋于健康稳定。据中国环保产业协会调查，1997 年全国从事环保产业的企事业单位 9 807 个，比 1993 年增长 13.4%；职工总数 182 万人，比 1993 年减少 3.3%；拥有固定资产 748 亿元，比 1993 年增长 6.6%。1997 年全国环保产业总产值 510 亿元，比 1993 年增长 63%；年利润 43.45 亿元，比 1993 年增长 6.4%。1998 年底，我国环保产业发展到年产值 521.7 亿元，年利润 58 亿元。环保产业整体规模已初步形成，并朝着快速发展的方向迈进。

四、持续稳定发展时期

经过改革开放，中国在经济增长方面取得了骄人的成绩，经济总量逐年攀升。然而，高速的经济增长也埋下了许多环境隐患。有的地方政府为了追求经济总量的提高偏爱上马重化工业；有的企业缺乏社会责任感，短期环保行为只为应付环保部门的检察；有的人环保意识淡薄、缺乏环保主动性等。这些因素造成了我国的环保事业仍然以政府主导、政策促进为主要推动力量。

2008 年，美国发生了次贷危机，进而引发了全球的金融危机。我国也深受其害，经济增速放缓，失业增加，中小企业大量倒闭。为扭转这一趋势，我国转变了依赖出口的经济发展方式，着眼于通过扩大内需实现经济的可持续发展，因此出台了四万亿的投资计划，加大了基础设施的建设规模，其中对环保产业的投资更是显著增加。和我国整体工业表现趋势类似，我国环保产业一季度实现了较高的增长，其中废弃资源与废旧材料回收加工业、环境污染处理专用药剂材料制造业的工业销售总产值同比增幅均超过 50%，环保、社会公共安全及其他专用设备制造业的销售总产值同比增长超过 20%。

2010 年第一季度，环保设备生产行业延续着向好的势头，各主要子行业的销售收入均实现正增长；资源综合利用业受到国家政策利好影响，行业销售快速好转，其中废弃资源和废旧材料回收加工业、金属废料加工处理业均实现 50% 以上的高速增长；环保服务则表现得相对稳定。从企业经营情况来看，环保设备制造业的绝大部分子行业利润均实现同比的正增长，资源综合利用业和环保服务业利润增幅相对稳定，亏损面全面收窄。成本费用方面，环保设备生产业总体保持稳定，资源综合利用业出现大幅增长，环保服务业的财务费用下降明显。2009年以来，我国环保管理业完成固定资产投资增速持续处于高位，即使受到2009年一季度的高基数的影响，行业投资仍实现了39.9%的高增速。

"十二五"以来，国家对环境污染治理力度之大前所未有，环境保护被提高到生态文明的高度，建设美丽中国已经成为实现中国梦的重要组成部分，支持环保产业发展的政策密集出台。在政策与市场的双重推动下，环保产业进入生命周期的成长期，环保产业各领域均取得长足进步和跨越式的发展。环保装备产品和服务性能、质量大幅度提高，产生了一大批具有核心竞争力的环保装备和产品，部分达到国际先进水平。环境服务业高速增长，环保装备门类齐全的产品体系已经形成。中国作为世界最大的环保市场，其使用的90%以上的技术装备和工程技术服务供给均实现本地化。环保装备和产品已经出口到70多个国家和地区。

投资成倍增长，融资能力提高，资金来源多样化，规模以上环保装备制造企业2015年资金来源合计是2010年的6.9倍。

重大环保技术装备的研发制造能力显著提高。高端装备实现突破、产业发展迅速，重大环保技术装备的科研创新在解决了一大批多年制约产业发展的瓶颈问题的同时，还带动了行业技术水平研发制造能力的显著提高。

技术创新能力整体提升。一批环保领域国家重点实验室、工程技术中心等国家级研发机构相继建成，高新技术产业化进程不断加速。

2017年，环保督察已常态化，环保执法力度加大，污染治理需求激活，市场进一步扩大，在多重利好因素的推动下，环保产业正迎来高速发展的黄金期。

对我国而言，发展环保产业不能一蹴而就，环保技术的研发也不是一朝一夕就能完成的，我们要长期坚持将技术创新作为产业发展的主要任务，努力激发自身潜力，只有加大战略性新兴产业的投入力度，以产业化运作为发展目标，才能实现产业升级和经济增长方式的转换，真正突破国民经济发展的资源能源瓶颈。这就要求政府要大力支持环保产业的技术研发，建立完善的产学研合作体系，同时加强国际合作，积极引进国外相关技术和管理经验，并在此基础上进行自主创新，最终还要努力推广环保科技成果，把科学技术转化为现实的生产力。

第二节　我国环保产业的发展背景

人类在经济迅猛发展的同时付出了巨大的代价，环境问题频繁出现，而且强度比以往更大、影响范围更广，环境质量持续恶化。当前环境的污染和破坏已发展成为威胁人类生存和发展的世界性重大社会问题。人类所面临的新的全球性和广域性环境问题主要有三类：一是全球性广域性的环境污染；二是大面积的生态破坏；三是突发性的严重污染事件。目前，发达国家的环境问题主要是环境污染，发展中国家面临的主要环境问题是环境破坏。

我国正处于经济高速增长的时期。粗放型的经济增长方式伴随着大量的环境破坏和环境污染问题；人口规模不断扩大给生态环境带来巨大的压力；单一的环境管理手段对环境治理和改善没有取得明显的成效；加上国际环境的压力，采取一条既可以解决环境问题又可以保证经济增长的可持续发展道路势在必行。在这一背景下，环保产业的产生和发展顺应了经济、社会发展的需要。

一、城镇化对环境承载产生了巨大压力

人口是生活在一定社会生产方式、一定时间、一定地域、实现其生命活动并构成社会生活主体，具有一定数量和质量的人所组成的社会群体。人口与环境之间相互依存，相互影响。一方面，人类的生存与发展离不开一定的环境，环境质量对人口的数量、质量、分布等产生重要影响；另一方面人口数量、质量和结构的变动直接作用于环境，尤其是人口数量长期持续的增长，给生态环境和自然资源都带来沉重的压力。我国生态环境遭到破坏的主要因素正是人口增长速度过快和人口规模远远超出支持其生存的环境系统的承受能力。

（一）人口规模持续扩大

在中华人民共和国成立之后我国长期处于高出生率的状态，人口数量由中华人民共和国成立时的 5 亿多增加到目前的 13.9 亿，净增长了 8 亿多，并呈持续增长的态势。我国历史上共出现三次人口高峰期：第一次人口出生高峰（1953—1957 年）形成了我国人口规模快速增长的基础；第二次人口出生高峰（1962—1971 年）是在三年自然灾害后的补偿性生育和年龄推移的基础上形成的，1963 年人口出生率最高曾达到 43.60‰；第三次人口出生高峰期出现在 1985—1991 年。

改革开放以来，随着计划生育政策的贯彻落实，我国人口生育水平不断下降，人口增长速度大大减缓，人口出生率由 1978 年的 18.3‰ 下降到 2017 年的 12.43‰。人口再生产类型完成了由“高出生、低死亡、高自然增长”的传统模式向“低出生、低死亡、低自然增长”的现代模式转变。随着出生率的下降，人口自然增长率由 1978 年的 12.0‰ 下降到 2017 年的 5.32‰。虽然我国人口出生率和自然增长率都处于稳步下降的趋势，但是人口增速放缓并没有彻底消除庞大的人口数量对资源环境的压力。由于人口发展的惯性，人口对社会、经济、资源和环境的压力仍将长期存在。传统意义上的人口再生产类型转变的完成，并不意味着人口问题的解决，也不等于人口压力的减轻。在未来几十年里，人口总量仍会持续增加，预计我国人口规模在 2030 年左右将达到峰值 14.7 亿左右。随着人口数量的不断增加，为满足人们的生存需要，不得不围湖造田，大量占用农耕土地，给环境、自然资源带来沉重压力。

此外，我国的人口结构性问题也比较突出，主要体现在以下方面：一是与人口年龄结构快速变化相伴随的人口老龄化问题；二是劳动年龄人口变动所带来的就业问题；三是因人口城乡分布的地域不均衡所带来的农村劳动力转移和城镇化问题；四是人口性别比不平衡问题。其中，人口庞大的数量和迅速发展的城市化都给环境承载力带来很大的压力。

（二）人口城市化水平不断提升

人口城市化是指典型的城市生活方式生成、深化、扩大的过程。具体来说，随着人口向城市集中，城市生活日益扩大化。随着我国经济发展和工业化进程的加速，农村人口向城市地区转移加速。城镇化的不断加速是经济社会发展的必然要求和无法阻止的历史潮流。我国人口城市化发展呈现以下两个主要特点。

1. 城市地区人口增长差异大

2016 年，我国东部地区城镇人口比重 65.94%，与 2012 年相比，提高了 4.08 个百分点，年均提高 1.02 个百分点；东北地区城镇人口比重 61.67%，提高 2.07 个百分点，年均提高 0.52 个百分点；中部和西部城镇人口比重分别为 52.77% 和 50.19%，与 2012 年相比，分别提高 5.57 个百分点和 5.46 个百分点，年均提高 1.39 个百分点和 1.36 个百分点。

2. 城市人口数量增长快

国家统计局的数据显示，2016 年末，我国城市数量已达到 657 个。其中，直辖市 4 个，副省级城市 15 个，地级市 278 个，县级市 360 个。与此同时，我国市辖区户籍人口超过 100 万的城市已经到了 147 个，城镇常住人口比重达到了 57.35%。城镇化水平继续快速提高。数据显示，2016 年城镇常住人口为 79298 万，乡村常住人口为 58973 万，城镇常住人口比重为 57.35%，与 2012 年相比，常住人口城镇化率提高了 4.78 个百分点，年均提高 1.2 个百分点，城镇常住人口增加 8116 万，年均增加人口 2029 万。

20 世纪 80 年代以来，我国农村大量剩余人口涌入城市，使城市人口迅速增加。庞大的城镇人口数量对环境的压力是巨大的。

我国人口发展进入关键时期。人口规模、劳动年龄人口规模、流动人口及人口城市化都将迎来高峰。这一系列的高峰变化将在短时间内集中到来，势必给我国的政治、社会、经济、资源和环境等各个方面，带来强烈的冲击和巨大的压力。

（三）人口状况的改变导致环境问题加剧

导致我国生态环境不断恶化的根本因素在于不断增长的人口压力。人口总量净增长的局面导致过度利用土地，粮食产量下降；过度开发自然资源，使资源严重枯竭，工业产量也随之下降，经济系统衰退；环境污染严重，加速粮食减产，生存环境恶劣，严重威胁到人类自身的生存与发展。关于人口增长对环境的影响，1970 年，梅托斯提出了"人口膨胀—自然资源耗竭—环境污染"的世界模型。

从"人口膨胀—自然资源耗竭—环境污染"模型可以看出，人口经过一段激增之后会呈下降趋势，粮食产量峰值会先于人口峰值出现；土地过度使用会导致粮食减产，且这一减产趋势也将先于人口数量下降趋势发生；自然资源会一直呈减少趋势，环境污染始终呈上升趋势，且在人口数量激增时期环境污染的程度尤为严重。虽然该模型为纯数学计算结果，没有将人类发展过程中人的智慧和创造力作为考虑因素，但该模型确实表明了人口增长对生态环境的影响。

人口向城市集中加速城市化进程，导致大量耕地被占用；城市生活消费水平提高；废弃物排放量增加，造成空气质量下降、水资源恶化、固体废弃物排放增加。此外，我国人口文化素质偏低，对环境的危机感不强；人们从事经济活动往往只从眼前利益、局部利益出发，追求短期的经济增长，加之人们掠夺性开发自然资源、过度利用和低效率使用资源等，加剧了生态环境的压力。

（四）植被遭到破坏

我国曾经是一个森林资源丰富的国家，但随着人口增长，为保障最基本的物质生活，对粮食的需求随之加大。受技术条件限制，为提高粮食产量，最有效便捷的途径就是扩大耕地面积，导致一度出现大面积毁林开荒，毁草开荒的现象。快速增长的人口不仅对粮食的需求增加，对燃料的木柴需求量也随之增加。另外，房屋的建设和经济建设的需求等因素都导致森林面积减少。

（五）土地资源压力大

人口增长对粮食等农产品的供应产生巨大的压力。一方面我国粮食产量逐年递增，另一方面人口增长速度较快，导致人均粮食的增量变化较慢。我国粮食年增长率不及人口数量的年增长速度。虽然人口增长速度趋于平缓，但人口数量仍保持上升的增长态势。

粮食产量难创新高与土地资源日益减少有直接的关系。在可用耕地面积日益减少的客观条件下，要使食物供应能够跟上人口增长的幅度，需要大量开发耕地。此外，不合理的土地开发，导致大量的耕地被毁；高强度地使用土地，大量使用化肥、农药、除草剂、农膜等虽然提高了农产品产量，但也导致了土地肥力下降、土壤板结、有机质含量下降、水土流失等土地资源的污染和退化。

中华人民共和国成立以来，我国耕地面积逐年下降，根据国土资源部《2016中国国土资源公报》的数据，截至 2016 年底，全国 31 个省（区、市）拥有耕地 20.24 亿亩（1 亩 ≈ 666.67 平方米）、园地 2.14 亿亩、林地 37.94 亿亩、牧草地 32.90 亿亩、城镇村及工矿用地 4.77 亿亩、交通运输用地 0.57 亿亩、水域及水利设施用地 4.90 亿亩。与 2015 年底相比，2016 年底全国农用地面积净减少 493.5 万亩，其中耕地净减少 115.3 万亩，建设用地净增加 751.1 万亩，未利用地净减少 257.6 万亩。人口增长、耕地面积下降，导致人均土地面积逐年下降。中华人民共和国成立初期我国人均耕地面积为 0.18hm² （1hm²=10000m²），1980 年下降至 0.1hm²，仅为世界人均耕地面积 0.37hm² 的 1/3，而 2015 年人均拥有耕地只有 0.09hm²。

大面积地开垦荒地导致水土流失，土壤沙化。我国现在每年流失表土量达到 50 亿吨，居世界首位。水利部《第一次全国水利普查水土保持情况公报》数据显示，中国现有土壤侵蚀总面积 294.9 万平方千米。其中，水力侵蚀 129.3 万平方千米，占总土壤侵蚀面积的 43.85%，风力侵蚀 165.6 万平方千米。西北黄土高原区侵蚀沟道共计 666 719 条，东北黑土区侵蚀沟道共计 295 663 条。随着水土流失情况严重，土壤沙化和大量耕地被占，沙漠面积逐年扩大。国家林业局 2015 年《中国荒漠化和沙化状况公报》数据显示，截至 2014 年，我国荒漠化土地面积 261.16 万平方千米，沙化土地面积 172.12 万平方千米。

（六）水资源污染加剧

当人口变动主要集中在数量的增长而城市化程度低时，人口主要分布在第一产业。由于人均耕地面积少，出现过度垦殖、毁林开荒、毁草开荒、围湖造田，从而造成土地退化，破坏生态平衡。随着我国人口规模扩大和经济发展，人口逐渐向城市集中，人口在第二产业集中，伴随第二产业的传统型经济增长方式，造成环境污染与经济发展同步，大气、水等自然资源的污染越来越严重。

人口增长、城市化发展和人们生活水平不断提高，生活方式、卫生要求的改变导致城镇生活用水迅速增加。使用量增加必然会导致排放量的上涨，从而加剧水资源的污染。生活用水量的变化基本随城镇人口的增加、城市化率的提高而成倍增大。

（七）大气污染严重

人口数量增长，就业人数增加，导致生产能耗和生活能耗总量增加。2016 年，中国一次能源消费量 30.53 亿吨油当量，同比增长 5.6%，占世界的比重为 23.0%，2005—2015 年年均复合增长率为 5.3%。资源消耗增加对资源供应带来很大压力。我国具有富煤、贫油、少气的资源禀赋，煤炭在能源消费结构中占主导，以工业、电力燃煤为主，消费占比超过 90%，以民用燃煤为辅。近年来，我国空气质量改善缓慢，大气污染物的排放总量长年居高。

（八）固体废弃物排放增加

"十二五"期间，全国工业固体废弃物产生量、综合利用量均呈现逐年上升的趋势，工业固体废弃物处置量基本持平，工业固体废弃物储存量呈现逐年下降的趋势。2016 年，214 个大、中城市一般工业固体废弃物产生量达 14.8 亿吨，综合利用量为 8.6 亿吨，处置量为 3.8 亿吨，储存量为 5.5 亿吨，倾倒丢弃量为 11.7 万吨。一般工业固体废弃物综合利用量占利用处置总量的 48.0%，处置和储存分别占比 21.2% 和 30.7%，综合利用仍然是处理一般工业固体废弃物的主要途径，部分城市对历史堆存的固体废弃物进行了有效的利用和处置。

固体废弃物若不能得到有效的处置，不仅影响城市环境，而且严重影响地下水环境及整个城市的生态环境。工业固体废弃物和城市垃圾或因雨水、雪水的作用，流入江河湖海，对水体造成污染；或因直接排放导致河流、湖泊或沿海海域严重污染和破坏。不仅如此，工业固体废弃物与城市垃圾在堆放过程中，在温度、水分作用下，某些有机物质发生分解，产生有害气体，造成严重的空气污染，导致生态环境恶性循环。

综上所述，人是环境的主体，也是生物圈中的最高层次的消费者。人口的过快增长，一方面使经济再生产从环境中获取的资源大大超过环境系统的资源再生能力，造成自然资源的退化和枯竭；另一方面经济再生产和人口再生产排入环境的废弃物远远超过环境容量，造成生态破坏和环境污染，从而影响经济的持续、健康发展和人类的生存条件。我国环境问题的主要特点集中在城市空气污染、固体废弃物排放的积累效应逐渐显现，土壤污染严重威胁公众健康，水污染状况十分严重。总体来说，城市化污染呈增长态势，人口变动趋势与环境的承载能力处在崩溃的边缘，如果不处理好人口与环境之间的微妙关系，不仅影响经济的发展，还会直接影响人们自身的生存状态。

二、经济增长方式造成的环境问题

（一）经济增长与环境的相互关系

环境对经济有促进作用，是经济发展的物质基础：环境为生产活动提供必要的资源；环境可以提供生活资料；环境为人类的生产和生活提供空间场所；环境可以自行容纳生产和生活废料；环境可以给人以审美享受。然而环境对经济也有抑制作用，主要表现为环境受到污染和破坏以后，不仅使社会受到巨大的经济损失，而且环境资源的枯竭会限制经济的发展。

经济对环境的促进作用表现在，人们通过对环境的开发利用，将自然环境改变为人工环境，以便按照人类发展的要求建设成最优化的生活环境和产业环境。同时，经济发展可以有更多的资金用于保护和改善环境，为解决环境问题提供必要的技术装备，可以促进人们提高对环境质量的要求，是环境保护事业发展的内在动力。

经济对环境不仅仅有促进作用。随着经济的发展，工业化水平的提高，经济对环境的作用更多地表现在其对环境的负面影响，即经济的发展经常以牺牲环境资源为代价，且环境的改善程度和治理水平同经济发展水平相统一，并受经济发展水平的制约。经济增长与环境状况的关系存在四种可能组合，即"低增长、低污染""低增长、高污染""高增长，高污染""高增长、低污染"。

经济低增长且环境低污染的模式下，经济低速增长且没有造成环境破坏，环境与经济处于低水平循环。史前文明时代和农业文明时代都属于此模式。

经济低增长且环境高污染的模式表明经济增长与环境增长处于恶性循环之中。即环境高度污染大大减弱了对经济增长的支撑能力，经济低速增长又无力投资于生态建设与环境保护，导致环境与经济共同退步。工业化程度低，而人口又在不断增加，人均消费资源量持续增大的发展中国家，尤其是落后国家正处于这种状态。

经济高增长且环境高污染的经济模式是一种粗放式、掠夺式、浪费式的增长模式，其特点是资源高投入、经济高增长、环境高污染。以高度环境污染为代价的经济增长是不可能持续发展的。发达国家在工业化进程中普遍采取此种模式，是在掠夺自然资源的基础上建立的繁荣经济。

经济高增长且环境低污染模式下，经济增长与环境变迁实现了良性循环，即有效的环境保护为经济增长提供了良好的物质基础，高速经济增长又为环境保护提供了强有力的经济支持。高度增长的经济在生态系统的承受能力之内，属于环境低度污染，这种模式就是理想的发展模式，也是可持续发展模式。发达国家在完成了工业化以后，在积累了强大的经济基础的同时，也认识到环境问题所带来的压力，开始着手环境治理，并已经取得很大的成效。目前发达国家寓环境保护于生产及消费过程始终，试图走出一条环境与经济增长协调发展的道路。目前很难说哪类国家已经实现此模式，但是毫无疑问的是，这种模式是走向生态文明时代的必然模式。

（二）我国粗放式经济增长方式造成的环境问题

我国在中华人民共和国成立初期和改革开放初期人们的生活水平处在贫困状态，为提高人们的生活水平，国家最需要解决的是生存问题，对环境保护、代际公平问题的关注度不高，而且当时的国际环境是重工业的高速发展代表一个国家的国力和经济成就。为了尽快摆脱人们生活困窘的局面、保证温饱问题、增强国力、提高军事力量，最有效、最直接的途径就是发展重工业。在计划经济制度的指导下，我国集中力量发展重工业，并取得了瞩目的成就。

随着改革开放"以经济建设为中心"的提出，经济增长优先的发展模式便在全国各地展开，无论地方政绩考核还是国家统计都以 GDP（国内生产总值）为导向，GDP 的增长数值成为我国经济发展的重要指标。受到劳动力文化程度不高，人力资本严重缺乏，科技技术水平相对低下的约束，为达到 GDP 增长的根本目的，只有大规模地投入资本和消耗能源，我国的经济增长方式也加速发展成为成粗放型的经济增长方式。

由于环境资源在不同部门间的配置是通过相应的产业结构安排来实现的，因此，产业结构的变化及发展状况直接影响环境质量。我国的产业结构始终都是以第二产业为主，第一和第三产业在国民经济中所占的比重一直不高。尽管近些年来我国第一、第二、第三产业都有了不同程度的发展，但第二产业始终对国内生产总值有着绝对的贡献。而第一产业占国内生产总值的比例呈逐年下降的趋势。第三产业近几年发展较快。

依靠投入大量资源与劳动力的粗放型生产方式一方面实现了经济快速增长，另一方面在经济呈线性增长的同时，环境问题呈几何级数增长。因为多数重点行业，排污量大。我国经济发展以第二产业为主，其中传统产业占主要地位。传统产业，如采矿、发电、非金属矿物的生产和加工、食品加工与制造、纸浆与造纸、纺织与钢铁冶炼与加工等都是重污染行业，污染治理速度不及污染物产生量的增长速度。固定资产投资增长过快，新开工项目数量多、规模大，再加上技术落后，管理水平低，导致这些传统产业排放的污染物占工业污染总量的85%。其中，纸浆与造纸、食品加工、化工、纺织、制革和采矿这六个行业是水污染的主要来源，并且纸浆与造纸业污染最为突出，占工业化学需氧量总负荷的一半，化学需氧量污染贡献率排放居各行业之首，达到1/3；而其经济贡献率在4个行业中最低，仅占2.2%。

能源消费的过量增加导致资源开发强度加大，大量本应淘汰的落后技术仍在使用，造成资源的大量浪费、污染物排放量过多及安全事故的频繁发生，同时使生态和环境遭到严重的破坏。例如，我国二氧化硫的排放量始终高居不下。受生产技术水平的限制，能源利用率较低，烟尘、粉尘的排放量都有不同程度的增长。近年来，我国固体废弃物的产生速度大大提高，这也成为目前我国污染处理的主要方向。

综上所述，我国的经济体制改革是对社会生产力的极大解放，这种解放刺激了国民经济的高速增长，但与此同时，对资源开发利用规模和各行业污染物排放量也会随之增加。目前，我国正处于发展工业化时期，这一时期也是环境污染和环境事故的高发期。这一时期我国不仅要面临国内资源不充足的情况，还要面临发达国家因环境问题对我国实施的金融、贸易压力。我国所面临的环境问题比发达国家工业化污染时期更加复杂，解决起来也更加困难。但是，无论从理论的角度还是从历史的角度来看，实现环境与经济的协调发展都是可能的，因此需要加快转变经济增长方式，将环境保护纳入经济发展轨道，发展循环经济，寻求一条可持续发展的经济增长道路。

（三）追求经济增长与改善环境质量的矛盾突出

粗放型的经济增长方式给环境带来了很大的压力，环境问题日趋严重。我国政府和民众都已经认识到问题的严重性，政府也出台各种政策来限制工业污染物的排放，并在国家发展规划中将环境问题作为一个重要的经济问题来解决，将建设资源节约型、环境友好型社会，建设新农村、构建和谐社会作为未来我国经济社会的发展方向。

一方面治理环境污染，改善环境质量需要大量的资金，造成对环境治理的投资多而对固定资产的投资减少，这可能会阻碍经济的增长速度；另一方面由于我国的经济增长是以能源、资源消耗为代价的，经济增长得越快，环境破坏得越严重，两者之间的矛盾越来越激化。具体表现为以下几个方面。

第一，我国财政支出以经济建设为中心。长期以来我国的财政是以建设为中心的，财政支出中一半以上用于经济建设，国家在投资和资源配置方面对其实行倾斜性保护，对工业部门加大投资的同时，又在工业部门内部，严重偏重对重工业的投资。这种以经济建设为主导的建设型财政更倾向于生产建设领域，受经济发展优先的思想影响，容易采取优先发展重工业的战略。经济增长是短期内可实现的目标，并且投资见效快；而治理环境污染、改善环境质量是长远的目标，投资大、回收周期长。再加上环境问题是积累下来的，污染容易，治污难，政府经常存在有心治理却无从下手的情况。因此，政府在实际中很难的抉择是，更倾向于眼前的经济利益还是从长远的环境利益出发，经常在犹豫中纵容了环境污染的存在，使非法排污现象更加严重，这无疑也加剧了经济增长与改善环境质量之间的矛盾。

第二，经济政策的制定没有考虑环境因素。长久以来，人们认为资源、环境的供给是无限的，这种错误思想导致政府在制定政策时没有将资源、环境因素考虑在其中。政策的制定必须考虑到经济、社会、环境的各个方面的效益，若只追求一方面的效益，必然会对其他方面造成不可磨灭的损失。没有顾及环境效益的经济政策，有的很快就能通过环境的各种问题显现出来，也可以得到很快的修正；而有的政策短时间内产生了巨大的经济效益，导致其环境影响被忽略，随着时间的推移，环境问题愈加严重，要恢复环境状况必须付出高昂的代价。环境的不可逆性使现在的可用资源数量减少，环境危害的长期性导致我们深受其害。环境问题自始至终都是制约我国发展的重要因素，现在如果仍要一味追求经济的增长，只会加剧两者之间的矛盾，使之越发地不可调和。

第三，某些官员片面追求政绩。近年来，党中央、国务院把环境保护工作摆上了更加重要的位置。但是，有些地方的领导为追求经济业绩，将经济发展和环境保护对立起来，注重眼前利益，以牺牲环境为代价，盲目追求经济增长速度。有些地方政府以增加地方税收、解决就业为由，招商引资，不断降低投资门槛，引进高消耗、高污染项目。正是巨大的政治利益，强烈驱使着这些地方政府在环境保护问题上态度暧昧，甚至直接加以抵制。歪曲的政绩观使得国家的环境保护政策难以落到实处，经济增长与环境保护之间的矛盾对立在地区愈演愈烈。

三、环境管理与环境质量的关系

在分析了人口发展、经济增长对环境影响的基础上，我国环境问题基本特点可以总结为工业点源污染与农业面源污染交错并存，二者构成了工业化进程中典型的产业结构性污染；以煤为主的能源结构和落后的燃烧方式决定了空气环境煤烟型污染的基本特征；城市布局不当，功能错位，城市成为环境问题最为突出的地区；科技和管理水平不高，生产和消费产生的污染物排放量大，浓度高。针对这些环境问题，我国加强了对环境的管理，但是由于管理手段单一，环境效果并不明显，环境问题依然严峻。

（一）环境管理的内涵及手段

环境管理是国家（地区）采用行政、经济、法律、科学技术、教育等多种手段，对各种影响环境的活动进行规划、调整和监督，目的在于协调经济发展与环境保护的关系，防治环境污染和破坏，维护生态平衡。

我国环境管理手段主要包括直接强制性手段、经济手段、技术手段和自愿手段等。直接强制性手段是指政府部门以行政命令或法规条例的形式，向污染者提出具体的污染物排放控制标准，或令其采用以减少污染排放为目的的生产技术标准，从而达到直接或间接限制污染排放，改善环境的目的。例如，对一些环境污染严重的排污单位实施禁止排污或严格限制排污，甚至将这些排污单位关、停、并、转。我国的直接强制性手段分为两种，即法律手段和行政手段。此外，还有经济手段、科学技术手段及环境管理的自愿手段。

我国环境管理多年以来主要依赖直接强制性手段，大部分是由政府直接操作，并作为一种行政行为通过政府体制实施的。环境保护作为一项事业主要由政府承担。虽然法律政策对企业也做出了相应的规定，但是受环境保护的社会公益性影响，污染防治领域的立法原则和制度都是建立在行政管制的基础上，有限的经济手段也是依靠行政强制实现，归根到底还是直接强制性手段。我国已颁布执行的环境管理"八项制度"，即三同时制度、环境影响评价制度、排污收费制度、环境保护目标责任制度、城市环境综合治理制度、污染集中控制、排污申报与排污许可证制度及限期治理污染制度，其中只有排污收费制度和排污许可制度考虑到市场作用，但是在我国却没有得到广泛的推广和应用，其他都是比较偏重直接强制性的环境管理手段。

经济手段是通过市场机制的协调，改变产品数量、价格和供求关系，调节环境资源使用中的费用和效益关系，使环境资源污染和破坏的外部不经济性内部化，激励企业自发减少污染物的排放，生产洁净产品，从而达到环境保护的目的。

科学技术手段是要求环境管理部门采用最科学的管理技术，排污单位采用最先进的治理技术，不断预防、发现和解决环境污染问题，有效预防和控制环境污染。

环境管理的自愿手段是运用环境教育、环境信息宣传、环境知识和技术培训等方法，以及社会舆论、公众的广泛参与和监督等来达到环境保护的目的。宣传教育是奠定环境保护思想基础的重要工具，可以利用各种新闻传播媒介，提高公众对环保的认识；可以深入宣传环境保护的各项方针政策，强化环境保护作为基本国策的地位；可以宣传环保法规和制度，使人们建立环境法制观念，依法保护环境，依法监督管理环境保护工作。

（二）环境管理手段单一导致环境保护效果不明显

我国环境管理一直停留在"末端治理"的初级管理阶段，管理重心在于对破坏和污染环境的企业和个人进行惩戒和强制治理，但事实上直接强制所能起到的作用、力度和效果是很有限的，管理难度也比较大，经常出现"上有政策、下有对策"、环境问题屡禁不止的现象，造成了大量的环境欠账，而且由此导致的区域性环境问题越来越突出。

1. 环境保护类法律对环境政策和环境理念阐述不明确导致环境因素被忽略

我国现行的环境保护法律在内容上局限于具体的环境污染防治，并没有阐明国家基本环境政策和环境理念，也没有规定国家进行环境保护的基本制度和组织办法，以及社会各主体在环境保护中的义务和责任，而且在生态环境保护、核安全、有毒化学品环境管理等领域还存在立法空白。由此造成排污者钻法律漏洞，对环境不承担责任，或者选择罚款也不对环境进行治理和补偿，有的干脆选择忽视环境因素。这种现象不仅出现在企业和个人身上，甚至在政府承担的大型项目上也会出现。比如，政府鼓励各地兴修水利工程，鼓励各地修建水库、大坝。一是可以用来发电，水电是清洁能源；二是可以用来防洪，用库容来削减洪峰；三是扩大农业灌溉；四是保证城市用水；五是改善航道，以利航运。但是，一些水利工程没有将环境因素考虑在内，能够通航的河流少之又少，而且水利工程的"功能性"缺陷加剧了水资源供需矛盾。这些项目在付出巨大的环境代价建成运行后，由于缺乏对水利工程和水库废气进行评估和长期跟踪监测，河流断流，沿河的绿色走廊衰败；河水不再潜入地下，而是囤积在地表，随着蒸腾的水汽大量散发到天空，对自然环境和生态环境都造成破坏。不仅如此，巨大的水库可能引起流域水文上的变动，如下游水位降低甚至断流，从而造成土壤盐碱化；流入和流出水库的水在颜色和气味等物理化学性质方面发生改变，水体的二氧化碳含量明显增强；大量的野生动植物的生存环境受到影响并因此死亡，甚至濒临灭绝，而有些生物可能会大量繁殖，原有的生态平衡遭到破坏。

2. 环境法律法规不完善

环境法律法规的缺陷导致我国环境守法与环境违法成本相差甚远。2007年9月，国家环保总局和美国环保协会共同完成的《中国环境监察执法效能研究项目总报告》显示，中国企业在环境污染方面违法与守法成本相差46倍。污染企业"宁愿认罚不治污"已成为普遍现象。有些致污单位在排污达标检查通过以后，仍在继续排污，甚至变本加厉。我们将这种现象称为"污染反弹"。污染反弹现象的出现，加剧了污染的蔓延，降低了环境管理的质量和效率。

3. 环境影响评价制度政策与实践脱离

我国引进环境影响评价制度本意是要完善我国的环境管理体制，将环境问题由治理转向防护，通过项目、工程进行环境评估，根据结果评断是否可以施工或进行相应的环境补偿。然而政策的本意与实际状况相差甚远，尤其是在很多地方，地方政府本身就不支持环境影响评价制度。长期以来，我国很多地方在进行项目讨论立项时，几乎不考虑环境因素，一些被发达国家不被允许的高消耗、高污染项目却能在我国地方乡镇企业通过，大型电力、化工、煤矿、造纸等工程给环境带来了巨大的破坏和污染，这些项目所创造的经济效益与环境污染的结果根本无法相提并论。

总之，多年来我国环境管理一直处于单一手段管理的局面，环境保护出现了许多误区和一些无法回避的问题。随着环境对经济的制约越来越大，我国政府逐渐将环境作为一个经济问题来解决，加之各项制度的不断完善和相互渗透，我国环境管理正在逐步地从直接强制性管理手段向经济手段、技术手段、自愿手段的方式转变，并努力向综合手段管理环境的方向转变。

综上所述，在我国人口发展与生态环境极度不适应的背景下，在经济增长方式亟待转型的经济形势下，在环境保护面向市场化，环境管理手段向多元化转变的前提下，环保产业的产生与兴起无疑适应了市场的需要。作为一个新兴的产业，环保产业既可以治理改善环境问题，还能够带来经济效益，很好地平衡了经济增长与环境保护之间的矛盾，促进了我国经济的可持续发展。

第三章　我国环保产业常见污染防治技术

我国水资源总量虽然排在世界前列，但人均水资源拥有量却远远低于世界平均水平；而且近年来中国城市的空气质量恶化也日益严重，达到了非治理不可的地步；目前，中国许多城市都面临着垃圾围城的窘况，城市垃圾处理给中国城市发展带来了很大压力。这些问题的解决迫切需要中国环保产业的快速发展。

第一节　污水综合处理

水是自然界中最宝贵的自然资源，是人类赖以生存的基础。然而，人类在生活和生产活动中，使自然界中的水受到污染，改变了原来水的性质，甚至使其丧失了使用价值，于是将其废弃外排，这种被废弃外排的水为污水。导致这种饮用的水丧失使用价值的根本原因是水中混进了各种污染物。

在人类的生活和生产活动中被使用过的，并被生活废料或生产废料所污染的水称为污水。污水主要包括生活污水、工业废水和被污染的降水等。

一、污水处理概况

（一）污水的主要水质指标

水质是指水和水中所含杂质共同表现出来的综合特性。水质指标是判断水质的具体指标。水质指标主要包括温度、色度、浑浊度、臭和味、溶解性固体和悬浮性固体、生化需氧量（BOD）、化学需氧量（COD）、总需氧量（TOD）、氮和磷含量、有毒有害有机污染物、细菌总数、总大肠菌群数等。

1. 温度

许多工业排出的废水都有较高的温度，这些废水排入水体使其水温升高，引起水体的热污染。水温升高影响水生生物的生存和对水资源的利用。而且氧气在水中的溶解度随水温的升高而减小，这样，一方面水中溶解氧减少，另一方面水温升高加速耗氧反应，最终导致水体缺氧或水质恶化。

2. 生物化学需氧量

生物化学需氧量简称生化需氧量（BOD），是反映水中可生物降解的含碳有机物含量及排至水体后所产生的耗气影响的指标。污水中可降解有机物的转化与温度、时间有关。一般在20℃时需要5天时间，有机物才能分解，分解前后水中溶解氧的差值称为5天20℃下的生化需氧量（BOD_5），单位为 mg/L。

3. 化学需氧量

化学需氧量（COD）表示在强酸性条件下重铬酸钾氧化1L污水中的有机物所需的氧量，可大致表示出污水中的有机物量。COD是水体有机污染的一项重要指标，能够反映出水体的污染程度，单位为 mg/L。它是表示水中还原性物质多少的一个指标。水中的还原性物质有各种有机物、亚硝酸盐、硫化物、亚铁盐等，但主要是有机物。因此，化学需氧量又往往作为衡量水中有机物质含量多少的指标。化学需氧量越大，说明水体受有机物的污染越严重。

一般来说，同类污水化学需氧量高于生物化学需氧量，两者的差值可反映污水中存在的难以被微生物降解的有机物的量。

4. 悬浮固体

悬浮固体（SS）是水中未溶解的非胶态固体物质，在条件适宜时可以沉淀。悬浮固体可分为有机性和无机性两类，反映污水汇入水体后将发生的淤泥情况，其含量的单位为 mg/L，属于感性指标。

5. pH

酸度和碱度是污水的重要污染指标，用 pH 来表示。城市污水的 pH 呈中性，一般为 6.5～7.5；工业废水多呈强酸或强碱性，有时 pH 微小的降低可能是由于城市污水输送管道中的厌氧发酵，而较大的 pH 降低往往是由城市酸雨造成的。pH 突然大幅度变化，通常是由工业废水的大量排入造成的。

6. 氮和磷

氮和磷是植物性营养物质，会导致湖泊、海湾、水库等缓流水体的富营养化，从而使水体加速老化。生活污水中含有丰富的氮、磷，某些工业废水中也含有大量氮、磷。总氮是各类污水中有机氮和无机氮的总和，氨氮是无机氮的一种。总磷是污水中各类有机磷和无机磷的总和。

7. 有毒化合物和重金属

有毒化合物对人体和污水处理中的生物都有一定的毒害作用，是有直接毒害作用的无机污染物，如氰化物、砷化物、汞、铬、铅等。

（二）城市污水和工业污水的处理方法

城市污水和工业污水的排放是造成水体污染的主要原因。城市污水和工业污水中常含有各种各样的污染物质，污水处理的目的是采取各种技术措施，将污水中所含的污染物分离出来或将其分解、转化为无害和稳定的物质，使污水得到净化，以保护水资源和环境。

根据其作用原理和去除的对象，处理污水的方法可分为物理法、化学法、物理化学法和生物法四大类。

物理法是利用物理作用分离污水中主要呈悬浮状态的污染物质的方法，这种方法在处理过程中不改变物质的化学性质，如沉淀法、筛除法、离心分离法等。

化学法是利用化学反应作用来分离或回收污水中的污染物质，或使其转化为无害的物质的方法，如混凝法、中和法、氧化还原法等。

物理化学法是通过物理和化学的综合作用使污水得到净化的方法，如吸附、萃取、离子交换、反渗透等方法。

生物法是利用微生物的作用来去除污水中溶解的和胶体状态的有机物的方法。生物法可分为好氧生物处理（主要有活性污泥法、生物膜法等）和厌氧生物处理两大类。

二、污水处理系统

污水的性质十分复杂，一般需要由几个处理单元组成一个有机的整体系统，并根据不同污水的不同性质对各处理单元进行合理配置，如主次关系和前后次序，最终经济有效地完成处理。污水处理应根据污水中所含污染物质的种类、性质和对出水水质的要求等因素来确定。通常可分为一级、二级和高级处理。

一级处理主要是去除漂浮物、纤维状物、悬浮物、油等以及调节 pH 值、均衡水量水质等，多采用物理法作为处理单元；二级处理主要是去除胶体及溶解性有机物，通常采用生物处理法作为处理单元；高级处理往往以污水回收、回用为目的，在二级处理后增加处理单元或系统，如活性炭过滤、反渗透、电渗析等单元。一般污水经二级处理后可达到排放标准。

（一）物理处理法

1.沉淀法

（1）沉淀作用

沉淀是利用重力沉降将比水重的悬浮颗粒从水中去除的过程，这种方法简单易行，分离效果良好，是污水处理中应用最广泛的单元操作之一。在各种污水处理系统中，沉淀可起到不同的作用，如作为生物处理和化学处理的预处理；用在生物处理和化学处理后，分离化学沉淀物、分离活性污泥或生物膜；用于污泥的浓缩脱水；用作灌溉农田前的预处理等。沉淀设施主要包括沉砂池、沉淀池等。

（2）沉砂池的类型

沉砂池的作用是从污水中分离出密度较大的无机颗粒，如砂粒、炉灰渣、煤屑等。它一般设置在泵站、沉淀池之前，用于保护水泵和管道免受磨损，减小污泥处理构筑物的容积，提高污泥有机组分的含率，提高污泥作为肥料的价值。沉砂池的类型按池内水流方向的不同主要分为平流式、竖流式以及曝气沉砂池。以下主要介绍平流式沉砂池和曝气沉砂池

①平流式沉砂池。这是最常用的一种形式，污水在池内沿水平方向流动。平流式沉砂池主要由入流渠、出流渠、闸板、水流部分及沉砂池斗组成，构造简单、截流效果好、工作稳定、排砂方便。

②曝气沉砂池。普通平流式沉砂池的沉砂中含有约15%的有机物，造成沉砂的后续处理难度增加。曝气沉砂池可在一定程度上克服这一缺点。由于曝气的作用，水流在池内呈螺旋状前进，增加了无机颗粒之间相互碰撞、摩擦的机会，把表面附着的有机物除去，使沉砂中的有机物含量低于10%。沉砂中的有机物含量低，不易腐败，而且还有预曝气作用，可脱臭，改善水质，有利于后续处理。

（3）沉淀池的类型

沉淀池是分离悬浮物的一种常用处理构筑物。在生物法中作预处理的称为初次沉淀池。对于一般的城市生活污水，初次沉淀池可以去除约30%的BOD及55%的悬浮物。设置在生物处理单元后的称为二次沉淀池，是生物处理工艺中的一个组成部分。

沉淀池按水流方向来划分分为平流式、竖流式及辐流式沉淀池三种。每种均包括五个区，即进水区、沉淀区、缓冲区、污泥区和出水区。

①平流式沉淀池。池形为长方形。污水从池的一端流入，水平方向流过池子，从池的另一端流出，通常在池的进口处底部设储泥斗，其他部位池底有坡度，倾向储泥斗。

②竖流式沉淀池。池形多为圆形，亦有呈方形或多角形的。污水从设在池中央的中心管进入，从中心管的下端经过反射板后均匀缓慢地分布在池的横断面上，由于出水口设置在池面或池墙四周，故水的流向基本由下向上，将污泥储积在底部的污泥斗，起到污泥沉淀的作用。

③辐流式沉淀池。池形多为圆形，小型池有时亦采用正方形或多角形。池的进、出口布置基本上与竖流池相同，进口在中央，出口在周围。但池径与池深之比，辐流池比竖流池大。水流在池中呈水平方向向四周辐流，由于过水断面面积不断变大，池中的水流速度从池中心向池四周逐渐减慢。泥斗设在池中央，池底向中心倾斜，污泥通常用刮泥（或吸泥）机械排除。

近年，一些大型污水处理厂采用了中央进水周边出水方式的辐流式沉淀池，

取得了较好的效果。入流区进水槽断面较大，而槽底的孔口较小，有利于均匀布水。同时，将进水下降管深入水面下接近水底深度且，距进水孔有一段较长的距离处，这样有利于悬浮颗粒的沉淀。

2. 筛除法

（1）筛除作用

筛是格栅和筛网的简称。筛除设备通常是指由金属栅条构成的格栅和金属筛（网）组成的设备。一般用于污水的前处理作业，以及用以去除污水中较大的悬浮物、漂浮物、纤维物质和固体颗粒物质，从而减轻后续污水处理的负荷，保护水泵、管道、仪表等，使处理系统能正常运行。

（2）筛除类型

格栅按栅条间隙的大小，可分为粗格栅（40 mm 以上）、中格栅（10～40 mm）和细格栅（4～10 mm）；按栅渣清除方式，可分为人工清除格栅、机械清除格栅和水力清除格栅。

（3）筛网的类型

筛网有转盘式、震动式、转鼓式及旋转式等。

3. 气浮法

对一些相对密度接近于水的细微颗粒，其自重难于在水中下沉或上浮，可采用气浮装置。

此法是将空气打入污水中，并使其以微小气泡的形式在水中析出，这种微小颗粒状的污染物质（如乳化油等）会黏附在气泡上，并随气泡升至水面，形成泡沫浮渣而被去除。根据空气打入方式的不同，气浮处理设备主要包括加压溶气气浮法、叶轮气浮法和射流气浮法等。为提高气浮效果，有时需要向污水中投加混凝剂。

4. 均和法

（1）均和作用

工业污水、商业污水或生活污水，其水质和水量在 24 h 内是动态变化的。一般来讲，工业污水的波动比商业污水大，而中小型工厂污水的波动就更大，这种变化不利于处理设备发挥其正常功能，严重时会使处理系统瘫痪。因此，一般在污水处理系统之前应设置均和调节池，以保证系统的正常运行。此外，酸性污水、碱性污水以及短期排出的高温污水等也可以通过调节池中和、平衡。

（2）调节池形式

均和调节是用以减小污水处理厂进水水量和水质波动的。其构筑物称调节池或称均和池。调节池的形式和容量的大小，随污水排放的类型、特性和后续污水处理系统对调节、均和要求的不同而不同。如果只是用来调节水量，则只需设置一个简单的均量池。常用的均量池实际上是一座变水位的储水池，进水为重力流，出水用泵抽。使污水水质达到均衡作用的调节池是构造不复杂的异程式均质池。该池为常水位，重力流，水流中每一质点的流程由短到长，使前后沿程的水得以相互混合。

（3）混合作用

为了保证调节效果，通常进行混合。混合与曝气能够防止可沉固体在池中沉下来或出现厌氧情况。混合还有预曝气的作用，可以改进初沉效果，减轻曝气池负荷。常用的混合方法包括水泵强制循环、空气搅拌、机械搅拌、穿孔导流槽引水等。一般工程上常用空气搅拌方式进行混合。

（4）隔油池

在石油开采、炼制和石油化学工业的生产过程中，会排出大量含油的污水。另外，毛纺工业和屠宰场排出的污水中也含大量油脂。焦化厂、煤气厂污水中含有焦油。上述具有油类物质的污水必须将该油类物质进行回收利用与处理。除了重焦油的相对密度大于1以外，上述油品的比重均小于1。隔油池就是利用重力来分离油类物质（密度小于1）的一种主要构筑物。其构造与沉淀池相类似，目前常用的隔油池有平流式和平行板式两种。平行板式隔油池是平流式隔油池的改良型，它增加了有效分离面积，同时也提高了整流效果。

（二）化学处理法

1. 混凝法

（1）混凝机理

混凝法是向污水中投加一定量的药剂，经过脱稳等反应过程，使水中的污染物凝聚并沉降。水中呈胶体状态的污染物质通常带有负电荷，胶体颗粒之间互相排斥形成稳定的混合液，若水中带有相反电荷的电介质（混凝剂）则可使污水中的胶体颗粒改变为电中性，进而在分子引力作用下凝聚成大颗粒并下沉。这种方法多用于处理含油污水、染色污水、洗毛污水等，该法可以独立使用，也可以和其他方法配合使用，一般用作预处理、中间处理和深度处理等。常用的混凝剂则有硫酸铝、碱式氯化铝、硫酸亚铁、三氯化铁等。

（2）混凝作用

混凝在污水处理中应用非常广泛，它可以降低原水的浊度、色度等感观指标，可去除多种有毒有害污染物，可自成独立的处理系统，又可与其他单元组合，用作预处理、中间处理和最终处理，还可用于污泥脱水前的浓缩过程。

2. 中和法

（1）中和作用

中和是利用碱性药剂或酸性药剂将污水从酸性或碱性调整到中性附近的一类处理方法。在工业污水处理中，中和处理常常用于以下几种情况。

因为水生生物对 pH 的变化极其敏感，当大量污水排入后，水体的 pH 会发生变化，从而产生不良影响，所以在污水排入水体之前，要对其进行中和处理。

由于酸、碱会对排水管道产生腐蚀作用，所有的污水在排入城市排水管道之前，应该进行酸碱调节，一般在城市排水管道的入口处，对 pH 都有明确的规定。

中和处理用在污水需要进行化学或生物处理之前。化学处理要求污水的 pH 升高或降低到某一最佳值。对于生物处理，污水的 pH 通常应维持在 3.5～5.5，以保证污水处理构筑物内的微生物处于最佳活性。

（2）中和法分类

1）酸性污水中和法

①酸、碱污水中和。该法是将酸性污水和碱性污水共同引入中和池中，并在池内进行混合搅拌。当酸、碱污水的流量和浓度频繁变化，而且波动很大时，应该在前端设调节池进行调节，中和反应则在中和池进行。

②投药中和法。该法可用于处理各种酸性污水，中和过程容易调节，容许水量变动范围较大。采用的中和剂有石灰、石灰石、白云石、氢氧化钠、碳酸钠等。其中石灰来源广泛，价格便宜，所以使用较广。氢氧化钠、碳酸钠易于储存，溶解度高，且反应迅速、渣量少，但价格较高，一般较少采用。

③过滤中和法。酸性污水流过碱性滤料时得以中和，所用滤料有石灰石、白云石、大理石等。这种方法适用于含硫酸浓度为 2～3 mg/L 的污水及能生成易溶盐的各种酸性污水的中和处理。过滤中和法的优点是操作管理简单，出水 pH 较稳定，不影响环境卫生，沉渣少（一般少于污水体积的 0.1%）缺点是进水酸的浓度受到了限制。

2）碱性污水中和法

若工厂存在酸性污水或废弃的酸液，可利用它们来处理碱性污水。若没有，则要采用商品酸中和或采用酸性废气中和的方法进行处理。

①商品酸中和法。该法是在中和处理碱性污水时采用无机酸，其中工业硫酸价格较低，应用广泛。而盐酸的最大优点是反应产物的溶解度大，泥渣量少，但出水中的溶解固体浓度高。

②酸性废气中和法。烟道气中含有 12%～24% 的 CO_2，有时还会有少量 SO_2 及 H_2S，这些酸性物质可用来中和碱性污水。用烟道气中和的方法有两种，一是将碱性污水作为湿式除尘器的喷淋水，另一种是使烟道气通过碱性污水。

（3）酸碱污水中和设施

该设施包括连续流式中和池和间歇式中和池两种设施。

①连续流式中和池适用于水质水量变化不大，污水有一定缓冲能力，保证出水 pH 稳定的情况。

②间歇式中和池适用于水质水量变化较大，出水 pH 不稳定的情况。

（4）过滤中和设施

①普通中和滤池为重力式中和滤池，由于滤速低（小于 1.4 mm/s），滤料粒径大（3～8 cm），因此在处理硫酸污水时易产生硫酸钙沉淀。这些沉淀覆盖在滤料表面且不易冲掉，阻碍中和反应进程。其中和效果较差，目前已很少使用。

②升流膨胀式滤池。由于高速过滤（5.3～16.4 mm/s）滤料粒径为 0.5～3 mm，污水自下向上运动，滤料呈悬浮状态，滤层膨胀，加上产生的 CO_2 气体的作用，使滤料互相碰撞摩擦，表面不断更新，中和效果良好。

3. 氧化还原法

（1）氧化还原作用原理

污水中溶解了有毒有害的污染物。在添加氧化剂或还原剂后，由于污染物与药剂的氧化还原反应，污水中有毒有害的污染物转化为无毒无害的新物质，或者转化成容易从水中分离排除的形态（气体或固体），从而达到处理的目的，这种方法称为污水处理中的氧化还原法。

氧化还原的实质是，在化学反应中，原子或离子因电子的得失而引起化合价的升高或降低。失去电子的过程叫氧化，得到电子的过程叫还原，失去电子的物质称还原剂，得到电子的物质称氧化剂。氧化还原电位值越负，越易放出电子，为越强的还原剂；相反，其值越正，越易得到电子，是越强的氧化剂。

（2）氧化法

1）常用的氧化剂

污水处理中常用的氧化剂包括非金属中性分子（如 O_2、Cl_2、O_3）等，含氧酸根阴离子以及高价金属离子，如 ClO^-、Fe^{3+} 等，电解槽的阳极也属于常用的氧化剂。

2）常用氧化剂的选择

选择氧化剂时应考虑以下几方面的因素：应对污染物有良好的氧化还原作用，反应生成物应无害，不产生二次污染，经济合理，来源易得，常温中反应迅速，反应所需的 pH 不能太高或太低，操作简单。

①臭氧氧化法。臭氧是一种强氧化剂，它的氧化能力在天然元素中仅次于氟。臭氧氧化法的主要优点有，臭氧对除臭、脱色、杀菌、去除有机物和无机物等有显著效果；污水经处理后，残留于污水中的臭氧容易自行分解，一般不会产生二次污染，并且能增加水中的溶解氧；制造臭氧用的电和空气不必储存和运输，操作管理也较方便。臭氧氧化法被日益广泛地应用于水处理中，但目前仍存在着一些问题，主要是整个设备需防腐，设备费用高；发生 O_3 的设备效率低，耗电量高；臭氧对人体有害等，因此，在臭氧处理的工作环境中需要采取通风与安全措施。

②氯氧化法。氯氧化剂主要有液氯、次氯酸钠、二氧化氯、漂白粉等，在污水处理中主要用于氰化物、硫化物、酚、醇、醛、油类等的氧化去除。

③空气氧化法。空气氧化法是利用空气中的氧去除氧化污水中的有机物的一种处理方法，此法主要用于处理含硫污水。

④光氧化法。光氧化法是一种化学氧化法，它是同时使用光和氧化剂产生很强的综合氧化作用来氧化分解污水中的有机物和无机物的方法。

（3）还原法

向污水中投加还原剂，使污水中的有毒物质转变为无毒的或毒性小的新物质的方法称为还原法。在污水处理中，化学还原法目前主要用于含铬污水和含汞污水的处理。

4. 化学沉淀法

向污水中投加化学药剂，使其与污水中的污染物发生化学反应，形成难溶的沉淀物，然后进行固液分离，从而除去污水中的污染物，这种方法称为化学沉淀法。化学沉淀法可以去除污水中的重金属（如汞、铜、铅、锌、铬等）、碱土金属（如钙、镁）及某些非金属（砷、氟、硫、硼等）。一般用于离子的回收、预处理或最终处理。

经常采用的沉淀剂主要有氢氧化物、硫化物及碳酸盐三大类。

5. 电解法

电解过程是在废水中插入电极并通过电流，在阴极板上接受电子，在阳极板上放出电子。在水的电解过程中，阳极上产生氧气，阴极上产生氢气。在阳极发生氧化作用，在阴极发生还原作用。目前电解法主要用于处理含铬及含氰废水。

6. 吸附法

污水吸附处理主要是利用固体物质表面对污水中污染物质的吸附。吸附可分为物理吸附、化学吸附和生物吸附等。物理吸附是吸附剂和吸附质之间在分子力作用下起吸附作用的，不会产生化学变化；而化学吸附则是吸附剂和吸附质在化学键力作用下起吸附作用的。

7. 离子交换法

（1）离子交换原理

离子交换是在一种称为离子交换剂的物质基础上进行的。在水处理中，离子交换剂主要用于去除水中溶解性离子等物质。离子交换的实质是离子交换剂中的可交换离子与水中其他同性离子的交换反应，是一种特殊的吸附过程，通常是可逆性化学吸附。

（2）离子交换树脂

离子交换树脂是人工合成的，它主要由母体（也称骨架）和交换基团两部分组成。

离子交换树脂种类很多，有凝胶型、大孔型等。凝胶型树脂的制造简单，树脂孔隙小。阳、阴树脂按照活性基团离解程度的不同，又分为强酸性和弱酸性树脂、强碱性和弱碱性树脂。离子交换树脂除具有一定密度、含水率、溶胀性、耐热性、机械强度和酸、碱性之外，主要还具有对水中某些离子的优先交换性能，亦即离子交换的选择性。它与水中离子种类、树脂交换基团性能有关，也受水中离子浓度和温度的影响。

8. 膜分离法

（1）膜分离法的分类

膜分离法是利用一种特殊的半透膜把溶液隔开，使溶液中的某些溶质或水渗透出来，从而达到分离溶质的目的。

根据膜的种类及不同的推动力，膜分离法可分为扩散渗析、电渗析、反渗透、超滤等方法。

膜分离法的优点是可在一般温度下操作，不消耗热能，没有相的变化，较易操作等。缺点是处理能力小，除扩散渗析外，其他方法均需消耗相当的能量，对预处理要求高。

（2）膜分离的方法

①扩散渗析法。该法是利用一种渗透膜把浓度不同的溶液隔开，溶质即从浓度高的一侧透过膜而扩散到浓度低的一侧，当膜两侧的浓度达到平衡时，渗析过程即停止进行。扩散渗析法主要用于酸、碱的回收，回收率可达到70%～90%。此法操作简单方便，能耗较低，但设备投资较高，适用于从高浓度酸液中回收游离酸。

②电渗析法。该法是在外加直流电场的作用下，利用阴离子交换膜和阳离子交换膜的选择透过性，使一部分离子透过离子交换膜而迁移到另一部分水中，从而使一部分水淡化而另一部分水浓缩的过程。采用电渗析处理工业污水时，可从浓水中回收有用物质，淡水或无害化后排放或重复利用。

③离子交换膜法。离子交换膜是一种由高分子材料制成的具有离子交换基团的薄膜，它具有离子选择透过作用。按照膜体的构造，其可分为异相膜和均相膜；按照膜的作用可分为阳膜、阴膜、复合膜。均相膜比异相膜的电化性能好，耐温性能也较好，但制造较复杂。

④反渗透法。该法是在膜的原水一侧施加比溶液渗透压高的外界压力，原水透过半透膜时，只允许水透过，其他物质不能透过而被截留在膜表面的过程。反渗透在水处理中的应用日益广泛，在给水处理中主要用于苦咸水、海水的淡化和超纯水的制取。在污水处理中主要用于去除重金属离子和贵重金属浓缩回收，渗透水也能重复利用。

反渗透膜种类很多，在水处理中广泛应用的反渗透膜有两种：醋酸纤维素膜（简称为 CA 膜）和芳香聚酰胺膜。常用的反渗透装置有管式、螺旋卷式、空心纤维式、板框式、多束式等形式。

⑤超滤法。超滤与反渗透相类似，也是依靠压力和膜进行工作。但是超滤膜孔（与反渗透膜相比）较大，在较小的压力下（<1MPa）工作，而且有较大的水通量。超滤一般用于从水中分离分子量大于 500 的物质，如细菌、蛋白质、淀粉、藻类、颜料、油漆等。超滤膜有醋酸纤维素膜、聚酰胺膜、聚砜膜等，它们适用的 pH 范围依次为 4～4.5、4～10 和 1～12。

（三）生物处理法

参与水体净化的微生物主要有细菌、真菌、藻类和原生物等类群，它们通过自身的新陈代谢过程来转化、分解污水的有机污染物，使其成为稳定的无机物，从而使水体得到净化。

污水生物处理技术就是利用微生物的这一特性，通过一定的技术措施，创造出有利于微生物生长、繁殖的环境，加速微生物的增长及新陈代谢活动，并应用于污水治理工程、过程。生物处理的目的就是使污水中可生物降解（或转化）的污染物质稳定化或转化成为易于从水中分离的物质，从而使之被去除。处理的对象：溶解性和胶体状态存在于水中的有机物（COD）；可生物降解的有毒物（工业污染物），如酚、氰等；需氧物质的硝化；植物营养物质的去除；除氯、除磷等。

污水生物处理是污水二级处理的主体工艺，具有高效、经济、处理能力大、运行操作方法成熟等特点，在污水处理方面得到了极为广泛的应用。

1. 普通活性污泥法

活性污泥法于 1914 年在英国开创以来已有近百年的历史。随着它的不断应用和技术上的不断革新改进，以及在对其生物反应和净化机理进行深入研究探讨的基础上，普通活性污泥法在生物学、反应动力学的理论方面以及工艺方面得以发展，出现了多种能够适应各种条件的工艺流程。当前，活性污泥法已经成为有机污水处理的主体技术。

（1）基本原理

活性污泥法工艺是一种应用最广泛的污水好氧生化处理技术，其主要由曝气池、二次沉淀池、曝气系统以及污泥回流系统等组成。

污水经初次沉淀池后与二次沉淀池底部回流的活性污泥同时进入曝气池，通过曝气，活性污泥呈悬浮状态，并与污水充分接触。污水中的悬浮固体和胶状物质被活性污泥吸附，而污水中的可溶性有机物被活性污泥中的微生物用作自身繁殖的营养，经新陈代谢转化为生物细胞，并氧化成为最终产物（主要是 CO_2）。

非溶解性有机物需先转化成溶解性有机物，而后才会被代谢和利用。污水由此得到净化。净化后污水与活性污泥在二次沉淀池内进行分离，从上层出水排放；分离浓缩后的污泥一部分返回曝气池，以保证曝气池内保持一定浓度的活性污泥，其余部分污泥，由系统排出。

（2）活性污泥反应的影响因素

①溶解氧。供氧是使生化处理正常运行的重要因素，一般来说，溶解氧浓度以不低于 2 mg/L 为宜（2～4 mg/L）。

②水温。水温宜维持在 15～25℃。如果低于 5℃，则微生物生长缓慢。

③营养料。细菌的化学组成分子式为 $C_5H_7O_2N$，霉菌为 $C_{10}H_{17}O_6$，原生动物为 $C_7H_{14}O_3N$，所以在培养微生物时，可按菌体的主要成分比例供给营养。微生物赖以生活的主要外界营养为碳和氮，此外，还需要微量的钾、镁、铁、维生素等。

④碳源。异氧菌利用有机碳源，自氧菌利用无机碳源。

⑤氮源。无机氮（NH_3 及 NH_4^+）和有机氮（尿素、氨基酸、蛋白质等）。一般比例关系为，BOD：N：P＝100：5：1。好氧生物处理法中 BOD_5 的范围为 500～1 000 mg/L。

⑥有毒物质。主要毒物有重金属离子（如锌、铜、镍、铅、铬等）和一些非金属化合物（如酚、醛、氰化物、硫化物等）。

（3）活性污泥系统的主要运行方式

活性污泥系统的主要运行方式包括推流式活性污泥法、完全混合活性污泥法、分段曝气活性污泥法、吸附—再生活性污泥法、延时曝气活性污泥法、高负荷活性污泥法、浅层曝气、深水曝气、深井曝气活性污泥法、纯氧曝气活性污泥法、氧化沟工艺、序批式活性污泥法等。

2. 吸附生物降解法

AB 法是吸附生物降解法（Adsorption Biodegradation）的简称，是德国亚琛大学 B．博恩克于 20 世纪 70 年代中期在传统的两段活性污泥法（Z—A 法）和高负荷活性污泥法的基础上开发出的一种新工艺，属高负荷活性污泥系统，是一种比传统活性污泥法有更多优点的污水处理工艺。AB 法的适用范围主要与以下因素相关：水中的 SS、胶体颗粒、容易被活性污泥吸附去除的有机化合物的含量，以及这些物质在好氧或厌氧微生物作用下能否被絮凝去除。该工艺不设初沉池，由 AB 两段活性污泥系统串联组成，并分别有独立的污泥回流系统。

AB 工艺对 BOD、COD、SS、磷和氮的去除率一般均高于常规活性污泥法。其突出特点是 A 段负荷高、抗冲击力强。AB 工艺特别适于处理高浓度，水质、水量变化较大的污水。其主要缺点是产泥量大，且 AB 工艺不具备深度脱氮除磷的功能，出水水质达不到防止水体富营养化的要求。

随着人们对环境质量要求的不断提高和对水污染控制的日益重视，特别是污水资源化的大力推广，污水处理厂出水水质的要求也不断提高，如对污水中的氮、磷含量控制越来越严格。因此，典型的 AB 法工艺已不能满足高效脱氮除磷及深度处理的要求。为了适应污水深度处理需要，AB 法工艺在传统典型工艺的基础上，发展成了一系列改进的 AB 工艺，如 AB（BAF）工艺、AB（A/O）工艺、AB（A²/O）工艺等。

3. 间歇式活性污泥法

20 世纪 70 年代初，美国圣母大学的罗伯特·欧文等在美国自然科学基金资助下，开始了对间歇式活性污泥法的研究。他在实验室中对序列间歇式（序批式）活性污泥法（Sequencing Batch Reactor Activated Sludge Process，简称 SBR）和连续流活性污泥法（Continuous Flow System Activated Sludge Process，简称 CFS）的运行特性做了系统的比较研究，详细定义和描述了序批式间歇反应器（SBR），并于 1980 年在美国国家环保局（USEPA）的资助下对印第安纳州的考沃尔城市污水厂进行了改建并投产了世界上第一个 SBR 污水处理系统，取得了令人满意的效果。研究结果指出，SBR 具有投资少，耐冲击负荷，污泥不易膨胀，并且能有效去除 N、P 的优点。随着对该工艺的深入研究，SBR 法已逐渐被认为是替代 CFS 法的一种较好的替代工艺。此后，日本、加拿大、澳大利亚和法国等都对 SBR 工艺进行了研究和应用。

SBR 工艺提供了时间序列上的污水处理。改变操作程序和条件可以使 SBR 工艺既能适应污水水量、水质的变化，又能防止污泥膨胀，还可进行脱氮除磷。由于一些工业污水是间歇排放的，且流量不大，从这个意义上讲，时间序列上运行的 SBR 工艺似乎更适合处理中小规模的工业污水。

最初 SBR 工艺有两个主要的技术问题：曝气头易堵塞和操作过于复杂。机械曝气装置和新型曝气头的开发，使间歇运行曝气装置的堵塞问题已经得到解决。同时，各种可控阀门、定时器、检测器的可靠程度已经相当高，程控机、电子计算机，特别是微型电脑自动控制技术的发展以及溶解氧测定仪、ORP 计、水位计等对过程控制比较经济而且精度高。这些水质监测仪表的应用，使得 SBR 工艺的运行可以完全实现自动化。困扰 SBR 发展的两个主要因素解决后，SBR 工艺得到了越来越广泛的应用。

随着对 SBR 研究的深入，新型的 SBR 工艺不断出现。20 世纪 80 年代初，出现了连续进水的 SBR—ICEAS 工艺，其全称为间歇循环延时曝气活性污泥工艺。

随着中国城镇和工业的迅速发展，污水量不断增加，需要建设很多中小型污水处理设施和工厂。同时，日益严重的富营养化问题迫使污水处理设施在去除有机物的基础上进一步对污水进行脱氮除磷，工业污水的成分更加复杂，芳香烃、卤代物等有毒有害及难降解的有机物在污水中的种类和浓度不断增加，这些污染物的去除问题也日益受到重视。就中国的经济实力而言，要利用有限的资金解决日趋严重的水污染问题，就必须要研究、开发和利用效率高、投资少、能耗低的污水处理实用技术。

SBR 方法集调节池、曝气池和沉淀池于一体，具有投资少、效率高、使用面广和操作灵活的优点，且能够有效地脱氮除磷。适合多种不同目的的污水处理要求，因而是一种适合中国国情的污水处理技术，有很好的应用前景。随着 SBR 在国内的广泛应用，国内 SBR 专用设备的研究也取得了长足的进步，并开发出了一系列的污水设备。

4. 氧化沟法

氧化沟污水处理工艺是在 20 世纪 50 年代由荷兰卫生工程研究所研制成功的，并于 1954 年在荷兰投入使用。由于其出水水质好、运行稳定、管理方便等技术特点，自 20 世纪 60 年代以来，氧化沟技术在欧洲、北美、南非、大洋洲等地得到了迅速的推广和应用。氧化沟中的污泥龄很长，所以其剩余污泥量少于一般活性污泥法，而且已经得到了好氧稳定，不需再经污泥硝化处理。氧化沟一般呈环状沟渠形，平面上多为椭圆形或圆形。

5. 厌氧—缺氧—好氧活性污泥法

在常规活性污泥法去除有机物质的同时，为了有效地去除氮、磷等营养物质，使厌氧—缺氧—好氧状况在反应曝气池内同时存在或反复周期地实现，形成了厌氧—缺氧—好氧活性污泥（A^2/O）法。有的工艺流程也采用厌氧—好氧—活性污泥（A/O）法。

6. 传统活性污泥脱氮除磷法

（1）活性污泥脱氮

污水中的氮主要以氨氮和有机氮的形式存在。活性污泥法脱氮是生物脱氮的主要形式。生物脱氮主要靠一些专性细菌实现氮形式的转化，最终将氮转化成无害气体氮气，从污水中去除。

①硝化过程。氨氮转化的第一个过程是硝化过程，也就是硝化菌把氨氮转化成硝酸盐的过程。硝化过程分两步：第一步把氨氮转成亚硝酸盐，即氨氮首先由亚硝酸盐菌将其转化成亚硝酸盐；第二步亚硝酸盐转化成硝酸盐。

②反硝化过程。反硝化过程是反硝化菌异化硝酸盐的过程，由硝化菌产生的硝酸盐在反硝化菌的作用下转化成氮气，从水中逸出，最终从系统中去除掉。氮的最终去除要通过反硝化过程完成。反硝化过程分为两步进行：第一步由硝酸盐转化为亚硝酸盐；第二步由亚硝酸盐转化，即分别通过亚硝酸盐还原酶、一氧化氮还原酶、氧化二氮还原酶依次还原为一氧化氮、氧化二氮和氮气。

（2）活性污泥除磷的原理

未经处理的污水中磷的存在形式主要有三种：正磷酸盐、聚合磷酸盐和有机磷，其中，聚合磷酸盐和有机磷约占进水总磷量的70%。在某些好氧条件下，微生物吸收磷会超过其正常的需求量，而在缺氧条件下微生物会把吸收的磷释放掉。在反应器中按顺序创造适宜的环境条件，利用这些微生物超量吸收磷的特性，可以有效去除污水中的磷。

（3）活性污泥的性能技术指标

1）混合液悬浮固体浓度

混合液悬浮固体浓度（MLSS）是指曝气池中污水和活性污泥混合后的混合液悬浮固体数量，单位为 mg/L。它是计量曝气池中活性污泥数量的指标。由于测定简便，往往以它作为粗略计量活性污泥微生物量的指标。

2）混合液挥发性悬浮固体浓度

混合液挥发性悬浮固体浓度（MLVSS）是指混合液悬浮固体中有机物的重量。

3）污泥沉降比

它是指沉淀污泥与混合液的体积比。它可以反映出曝气池正常运行时的污泥量，可用来控制剩余污泥排放，它还能及时反映出污泥膨胀等异常情况，便于及早查明原因，采取措施。

4）污泥指数

污泥指数（SVI）是指曝气池混合液经 30 min 静沉后，相应的 1 g 干污泥所占的容积（以 mL 计）。它能较好地反映出活性污泥的松散程度和凝聚沉降性能。良好的活性污泥，污泥指数常在 50～300。SVI 过高的污泥，必须降低污泥浓度才能很好地沉降。

5）污泥负荷

入流污水 BOD_5 的量和活性污泥量的比值称为活性污泥的污泥负荷。一般来说，污泥负荷在 0.2～0.5 kg（BOD_5)/kg（MLSS)•d 时，BOD_5 去除率可在 90% 以上。

6）污泥泥龄

污泥泥龄是曝气池中工作着的活性污泥总量与每天排放的剩余污泥量的比值。在运行平稳时，可将其理解为活性污泥在曝气池中的平均停留时间。污泥泥龄和污泥负荷有相反的关系，污泥泥龄长，负荷低，反之亦然，但并不成绝对的反比例函数关系。

7）曝气池容积

负荷曝气池单位容积每天负担的 BOD_5 量称为容积负荷。

（四）生物膜法

生物膜法是指在污水连续流经固体填料（碎石、炉渣、塑料蜂窝填料和弹性填料等）的过程中，在填料上就能够形成污泥垢状的生物膜，生物膜上繁殖大量的微生物，吸附和降解水中的有机污染物，从而起到与活性污泥同样的净化污水作用。从填料上脱落下来死亡的生物膜随污水流入沉淀池，经沉淀池被澄清净化。

生物膜法有多种处理构筑物，如生物滤池、生物转盘、生物接触氧化和生物流化床等。

1. 曝气生物滤池法

曝气生物滤池法也叫淹没式曝气生物滤池法。国外从 20 世纪初开始研究，于 20 世纪 80 年代末基本成形，以后不断改进并研究出多种形式。其在开发过程中充分借鉴了污水生物接触氧化法和给水快滤池的设计思路，它以颗粒滤料为填料进行生物处理和悬浮过滤，节省了二沉池。具体采取撇油沉淀、生物氧化、生物吸附和过滤截留悬浮物、定期反冲洗等特点于一体。其工艺原理为，公滤池中装填一定量粒径较小的粒状滤料，滤料表面生长着生物膜，滤池内部曝气和污水流经时，利用滤料上高浓度生物膜的生物絮凝作用截留污水中的悬浮物，并保证脱落的生物膜不会随水漂出。曝气生物滤池法运行一段时间后，出水头损失增加，需对滤池进行反冲洗，以释放截留的悬浮物并更新生物膜。

曝气生物滤池作为一种新型污水处理技术，在国内外已有实际应用。运行经验表明，该工艺可显著减少占地面积，并节约基本投资，出水水质较好，运行费用低，管理方便，特别是其模块化结构有利于未来的扩建。该工艺可独立采用，也可以与其他污水处理工艺组合应用，是一种可替代传统污水处理工艺，适合中国国情的污水处理方法。

2. 生物转盘法

生物转盘是指通过传动装置驱动生物转盘以一定的速度在接触反应槽内转动，交替地与空气和污水接触，每一周期都完成吸附吸氧—氧化分解的过程。通过不断转动，污水中的污染物不断分解氧化。生物转盘流程中除了生物转盘外，还有初次沉淀池和二次沉淀池。生物转盘的适用范围广泛，对生活污水和各种工业废水都能适用，同时生物转盘的动力消耗低，抗冲击负荷能力强，管理维护简便。

3. 生物接触氧化法

生物接触氧化法是在池内设置填料，使已经充氧的污水浸没填料，并以一定速度流经填料。填料上长满生物膜，污水与生物膜相接触，水中的有机物被微生物吸附，氧化分解、转化成新的生物膜。从填料上脱落的生物膜随水流到二次沉淀池后被去除，污水得到净化。生物接触氧化法对冲击负荷有较强的适应能力，污泥生产量少，可保证出水水质。

4. 生物流化床法

生物流化床采用相对密度大于 1 的细小惰性颗粒，如砂、焦炭、活性炭、陶粒等作为载体，微生物在载体表面附着生长，形成生物膜，充氧污水自上而下流动，使载体处于流化状态，生物膜与污水充分接触。生物流化床处理效率高。抗冲击负荷能力强，占地小。

（五）自然生物处理法

自然生物处理法是利用在自然条件下生长繁殖的微生物来处理污水，形成由水体（土壤）微生物、植物组成的生态系统。自然生物处理法可对污染物进行一系列的物理—化学生物净化，可将污水中的营养物质充分利用，有利于植物生长，实现污水的资源化、无害化和稳定化。该法工艺简单，建设与运行费用都较低，而且效率高，是一种符合生态原理的污水处理方式。但其受自然条件影响，占地较大。其主要有水生植物塘、水生动物塘、土地处理系统以及组合工艺系统等。

（六）厌氧生物处理法

1. 厌氧生物处理法概述

污水厌氧生物处理是环境工程与能源工程中的一项重要技术，是有机污水强有力的处理方法之一。过去，它多用于城市污水处理厂的污泥、有机废料以及部分高浓度有机污水的处理。在构筑物形式上厌氧生物处理法主要采用普通消化池。由于其存在水力停留时间长、有机负荷低等缺点，以至于在较长的时期内它在污水处理中的应用受到限制。20 世纪 70 年代以来，世界能源短缺日益突出，能产生能源的污水厌氧技术受到重视，加上研究与实践的不断深入，各种新型工艺和设备得以开发，大幅度地提高了厌氧反应器内活性污泥的持留量，使处理时间大大缩短，效率大幅度提高。目前，厌氧生化法不仅可适用于处理有机污泥和高浓度有机污水，也用于处理中、低浓度有机污水，包括城市污水。

厌氧生化法与好氧生化法相比具有下列优点。

①应用范围广。好氧法因供氧限制一般只适用于中、低浓度有机污水的处理，而厌氧法既适用于高浓度有机污水，又适用于中、低浓度有机污水。有些有机物对好氧生物处理法来说是难降解的，但对厌氧生物处理是可降解的。

②能耗低。好氧法需要消耗大量能量供氧。曝气费用随着有机物浓度的增加而增大，而厌氧法不需要充氧，并且产生的沼气可作为能源。污水中的有机物达到一定浓度后，沼气能量可以抵偿消耗能量。有机物浓度越高，剩余能量越多。一般厌氧法的动力消耗约为活性污泥法的 1/10。

③负荷高。通常好氧法的有机容积负荷为 $2\sim4$ kg $BOD_5/$（$m^3\cdot d$），而厌氧法为 $2\sim10$ kg COD/（$m^3\cdot d$），高的可达 50 kg COD/（$m^3\cdot d$）。

④剩余污泥量少，且其浓缩性、脱水性良好。好氧法每去除 1 kg COD 将产生 $0.25\sim0.6$ kg 生物量，而厌氧法去除 1 kg COD 只产生 $0.02\sim0.18$ kg 生物量，其剩余污泥量只有好氧法的 5%～20%。同时，硝化污泥在卫生学上和化学上都

是稳定的。因此，剩余污泥的处理和处置简单、运行费用低，甚至可作为肥料、饲料或饵料使用。

⑤氮、磷营养需要量较少。好氧法一般要求 BOD_5：N：P 为 100：5：1，而厌氧法的 BOD_5：N：P 为 100：2.5：0.5，对氮、磷缺乏的工业污水来说，其所需投加的营养盐量较少。

⑥厌氧处理过程有一定的杀菌作用，可以杀死污水和污泥中的寄生虫卵、病毒等。

⑦厌氧活性污泥可以长期储存，厌氧反应器可以季节性或间歇性运转。与好氧反应器相比，厌氧反应器在停止运行一段时间后，能较迅速地启运。

但是，厌氧生物处理法存在下列缺点。

①厌氧微生物增殖缓慢，因而厌氧设备启动和处理时间比好氧设备长。

②出水往往达不到排放标准，需要进一步处理。因此，一般在厌氧处理后串联好氧处理。

③厌氧处理系统操作控制因素较为复杂。

2. 厌氧法的基本原理

污水厌氧生物处理是指在无分子氧条件下通过厌氧微生物（包括兼氧微生物）的作用，将污水中的各种复杂有机物分解转化成甲烷和二氧化碳等物质的过程，也称为厌氧消化。它与好氧法的根本区别在于，它不以分子态氧作为受氢体，而以化合态氧、碳、硫、氮等作为受氢体。

厌氧生物处理是一个复杂的微生物化学过程，依靠三大主要类群的细菌，即水解产酸细菌、产氢产乙酸细菌和产甲烷细菌的联合作用完成。因而可以粗略地将厌氧消化过程划分为 3 个连续的阶段，即水解酸化阶段、产氢产乙酸阶段和产甲烷阶段。

第一阶段为水解酸化阶段。复杂的大分子、不溶性有机物先在细胞外酶的作用下水解为小分子和溶解性有机物，然后渗入细胞体内，分解产生挥发性有机酸、醇类、醛类等。这个阶段主要产生较高级的脂肪酸。

第二阶段为产氢产乙酸阶段。在产氢产乙酸细菌的作用下，第一阶段产生的各种有机酸被分解转化成乙酸和氢气，而且在降解奇数碳素有机酸时还形成二氧化碳。

第三阶段为产甲烷阶段。产甲烷细菌将乙酸、乙酸盐、二氧化碳和氢气等转化为甲烷。此过程由两组生理上不同的产甲烷菌完成，一组把氢和二氧化碳转化成甲烷，另一组将乙酸或乙酸盐脱羧产生甲烷。前者约占总量的 1/3，后者约占 2/3。

虽然厌氧消化过程可分为以上 3 个阶段，但是在厌氧反应器中，3 个阶段是同时进行的，并保持某种程度的动态平衡。这种动态平衡一旦被 pH、温度、有机负荷等外加因素所破坏，则首先将使产甲烷阶段受到抑制，最终会导致低级脂肪酸的积存和厌氧进程的异常变化，甚至会导致整个厌氧消化过程停滞。

3. 厌氧法的影响因素

厌氧法对环境条件的要求比好氧法更严格。一般认为，控制厌氧处理效率的基本因素有两类：一类是基础因素，包括微生物量（污泥浓度）、营养比、混合接触状况、有机负荷等；另一类是环境因素，如温度、pH、氧化还原电位、有毒物质等。

（1）温度

温度是影响微生物生存及生物化学反应最重要的因素之一。各类生物适宜的温度范围是不同的，一般认为，产甲烷菌的温度范围为 5～60 ℃，在 35 ℃和 53 ℃上下可以分别获得较高的消化效率；温度为 40～45 ℃时，厌氧消化效率较低。由此可见，各种产甲烷菌的适宜温度区域不一致，而且最适温度范围较小。根据产甲烷菌适宜温度条件的不同，厌氧法可分为常温消化、中温消化和高温消化 3 种类型。

①常温消化是指在自然气温或水温下进行污水厌氧处理的工艺，适宜温度范围为 10～30 ℃。

②中温消化适宜温度为 35～38 ℃，若低于 32 ℃或者高于 40 ℃，厌氧消化的效率即明显地降低。

③高温消化适宜温度为 50～55 ℃。

上述适宜温度有时因其他工艺条件的不同而有某种程度的差异，如反应器内较高的污泥浓度，即较高的微生物酶浓度，则使温度的影响不易显露出来。在一定温度范围内，温度提高，有机物去除率提高，产气量提高。一般认为，高温消化比中温消化沼气产量约高一倍。温度的高低不仅影响沼气的产量，而且影响沼气中甲烷的含量和厌氧消化污泥的性质，对不同性质的底物影响程度不同。

温度对反应速度的影响同样是明显的。一般地说，在其他工艺条件相同的情况下，温度每上升 10 ℃，反应速度就增加 2～4 倍。因此，高温消化期比中温消化期短。

温度的急剧变化和上下波动不利于厌氧消化作用。短时期内温度升降 5 ℃，沼气产量明显下降，波动的幅度过大时，甚至会停止产气。温度的波动不仅影响沼气产量，还影响沼气中的甲烷含量，尤其高温消化对温度变化更为敏感。然而，温度的暂时性突然降低不会使厌氧消化系统遭受根本性的破坏，温度恢复到原来水平时，处理效率和产气量也随之恢复，只是温度降低持续的时间较长时，恢复所需时间也相应延长。

（2）pH

每种微生物都可在一定的 pH 范围内活动，产酸细菌对酸碱度不及甲烷细菌敏感，其适宜的 pH 范围较广。产甲烷菌要求环境介质的 pH 在中性附近，最适 pH 范围为 4.0～4.2，pH 在 3.6～4.4 时较为适宜。在厌氧法处理污水的应用中，由于产酸和产甲烷大多在同一构筑物内进行，故为了维持平衡，避免过多的酸积累，常保持反应器内的 pH 在 3.5～4.5（最好在 3.8～4.2）的范围内。

pH 条件失常将首先使产氢产乙酸作用和产甲烷作用受抑制，使产酸过程形成的有机酸不能被正常地代谢降解，从而使整个消化过程的各阶段间的协调平衡丧失。若 pH 降到 5 以下，对产甲烷菌的毒性较大，同时产酸作用本身也受抑制，整个厌氧消化过程就会停滞，即使 pH 恢复到 4.0 左右，厌氧装置的处理能力仍不易恢复；而在 pH 稍高时，只要恢复中性，产甲烷菌就能较快地恢复活性。所以厌氧装置适宜在中性或稍偏碱性的状态下运行。

在厌氧消化过程中，pH 的升降变化除了受外界因素的影响之外，还取决于有机物代谢过程中某些产物的增减。产酸作用产物有机酸的增加，会使 pH 下降；而含氮有机物分解产物氨的增加，会引起 pH 升高。

（3）氧化还原电位

无氧环境是严格厌氧的产甲烷菌繁殖的最基本条件之一。产甲烷菌对氧和氧化剂非常敏感。厌氧反应器介质中的氧浓度可由浓度与电位的关系得出，即由氧化还原电位表达。

高温厌氧消化系统适宜的氧化还原电位为 $-600 \sim -500$ mV。

中温厌氧消化系统及浮动温度厌氧消化系统要求的氧化还原电位应低于 -300 mV。

产酸细菌对氧化还原电位的要求不甚严格，甚至可在 $-100 \sim 100$ mV 的兼性条件下生长繁殖；甲烷细菌最适宜的氧化还原电位为 -350 mV 或更低。

（4）有机负荷

在厌氧法中，有机负荷通常指容积有机负荷，简称容积负荷，即消化器单位有效容积每天接受的有机物量，即 kg COD/（$m^3 \cdot$d）。对悬浮生长工艺，也有用污泥负荷表达的，即 kg COD/（kg 污泥 $\cdot$d）；在污泥消化中，有机负荷习惯上以投配率或进料率表达，即每天所投加的湿污泥体积占消化器有效容积的百分数。因为各池中湿污泥的含水率、挥发组分不尽一致，所以投配率不能反映实际的有机负荷。为此，又引入反应器单位有效容积每天接受的挥发性固体质量这一参数，即 kg MLVSS/（$m^3 \cdot$d）。

有机负荷是影响厌氧消化效率的一个重要因素，直接影响产气量和处理效率。在一定范围内，随着有机负荷的提高，产气率，即单位质量物料的产气量趋向下降，而消化器的容积产气量则增多，反之亦然。在具体的应用场合，进料的有机物浓度是一定的，有机负荷或投配率的提高就意味着停留时间缩短，则有机物分解率将下降，这势必使单位质量物料的产气量减少。但因反应器相对的处理量增多了，单位容积的产气量将提高。

有机负荷值因工艺类型、运行条件以及污水废物的种类及浓度而异。在通常的情况下，对于常规厌氧消化工艺，中温处理高浓度工业污水的有机负荷为 $2\sim3$ kg COD/（m^3·d），在高温下为 $4\sim6$ kg COD/（m^3·d）。上流式厌氧污泥床反应器、厌氧滤池、厌氧流化床等新型厌氧工艺的有机负荷在中温下为 $5\sim15$ kg COD/（m^3·d），有时候可高达 30 kg COD/（m^3·d）。在处理具体污水时，最好通过试验来确定其最适宜的有机负荷。

（5）厌氧活性污泥

厌氧活性污泥主要由厌氧微生物及其代谢的和吸附的有机物、无机物组成。厌氧活性污泥的浓度和性状与消化的效能有密切的关系。性状良好的污泥是厌氧消化效率的基础保证。厌氧活性污泥的性质主要表现为它的作用效能与沉淀性能，前者主要取决于活微生物的比例及其对底物的适应性，以及活微生物中生长速率低的产甲烷菌的数量是否达到与不产甲烷菌数量相适应的水平。活性污泥的沉淀性能是指污泥混合液在静止状态下的沉降速度，它与污泥的凝聚性有关，与好氧处理一样，厌氧活性污泥的沉淀性能也以 SVI 来衡量。

厌氧处理时，污水中的有机物主要靠活性污泥中的微生物分解去除，故在一定的范围内，活性污泥浓度愈高，厌氧消化的效率也愈高，但至一定程度后，效率的提高不再明显。这主要因为：①厌氧污泥的生长率低、增长速度慢，积累时间过长后，污泥中的无机成分比例增高，活性降低；②污泥浓度过高有时容易引起堵塞而影响正常运行。

（6）搅拌和混合

混合搅拌也是提高消化效率的工艺条件之一。没有搅拌的厌氧消化池，池内常有分层现象。搅拌可消除池内梯度，增加食料与微生物之间的接触，避免产生分层，并可促进沼气分离。在连续投料的消化池中，还可以促进食料迅速与池中原有料液混匀。

搅拌的方法有：①机械搅拌器搅拌法；②消化液循环搅拌法；③沼气循环搅拌法等。其中，沼气循环搅拌法还有利于使沼气中的 CO_2 作为产甲烷的底物被细菌利用，从而提高甲烷的产量。厌氧滤池和上流式厌氧污泥床等新型厌氧消化设备，虽没有专设搅拌装置，但以上流的方式连续投入料液，通过液流及其扩散作用，也起到一定程度的搅拌作用。

（7）污水的营养化

厌氧微生物的生长繁殖需要按一定的比例摄取碳、氮、磷以及其他微量元素。工程上主要控制进料的碳、氮、磷比例，因为其他营养元素不足的情况少见。不同的微生物在不同的环境条件下所需的碳、氮、磷比例不完全一致。一般认为，厌氧法中C：N：P控制为（200～300）：5：1为宜。此比值大于好氧法中100：5：1的比例，这与厌氧微生物对碳素养分的利用率较好氧微生物低有关。在碳、氮、磷比例中，碳、氮比例对厌氧消化的影响更为重要。研究表明，合适的C/N为（10～18）：1。

（8）有毒物质

厌氧系统中的有毒物质会不同程度地对过程产生抑制作用，这些物质可能是进水中所含的成分，或是厌氧菌代谢的副产物，通常包括有毒有机物、重金属离子和一些阴离子等。

有毒物质的最高容许浓度与处理系统的运行方式、污泥驯化程度、污水特性、操作控制条件等因素有关。

4.厌氧法工艺分类

厌氧消化工艺有多种分类方法，按微生物的生长状态，分为厌氧活性污泥法，厌氧生物膜法；按投料、出料及运行方式分为分批式、连续式和半连续式；根据厌氧消化中物质转化反应的总过程是否在同一反应器中并在同一工艺条件下完成，又可分为单相厌氧消化与两相厌氧消化等。

厌氧活性污泥法包括普通消化池、厌氧接触工艺、上流式厌氧污泥床反应器等。厌氧生物膜法包括厌氧生物滤池、厌氧流化床（UASB）、厌氧生物转盘等。

第二节 大气污染防治

随着中国工业化和城镇化进程的加速发展，中国大气污染状况越来越严重，尤其是城市中机动车数目的增多带来了更多的大气污染，因空气污染而患病的人也在逐年增加。空气污染问题已严重威胁了人们的生存环境和健康状况。因此大气污染防治问题越来越受到关注，并成为环保产业发展的一个重要领域。

一、大气污染防治概况

（一）大气污染物源头

1.大气主要污染物

根据中国的国情，在环境标准、环境政策法规中确定了下列大气主要污染物。

①为履行国际公约而确定的主要有二氧化碳、氟利昂。

②全国性大气污染物主要有烟尘、工业粉尘、二氧化硫、氮氧化物、一氧化碳、光化学氧化剂。

2. 污染源的分类

（1）按发生源的性质分类

①工业废气。由人类工业生产活动产生的废气（包括燃料燃烧废气和生产工艺废气）。

②生活废气。由人类生活活动产生的废气。

③交通废气。由人类交通运输活动产生的废气，包括汽车尾气（汽车废气）、高空航空器废气、火车及船舶废气等。

④农业废气。由人类农业活动产生的废气。

（2）按废气所含的污染物分类

废气可分为含烟尘废气、工业粉尘废气、含煤尘废气、含硫化合物废气、含氮化合物废气、含碳氧化物废气、含卤素化合物废气、含碳氢化合物废气。

（二）大气污染防治的重点领域

中国在大气污染防治方面的五大重点领域，包括二氧化硫减排、工业废气污染防治、机动车污染防治、温室气体控制和改善城市空气环境质量。

二、常见大气污染物的处理技术

（一）二氧化硫治理工艺及选用原则

1. 二氧化硫治理工艺

二氧化硫治理工艺的划分有三种方法，一是按脱硫剂的种类划分，分为钙法、镁法、钠法、氨法、有机碱法；二是根据吸收剂及脱硫副产物的干湿状态划分，分为干法／半干法、湿法；三是根据脱硫副产物的用途划分，分为抛弃法、回收法。在脱硫技术领域，通常采用第二种划分方法。

石灰石／石灰—石膏法和烟气循环流化床法的工程技术规程已经颁布。氨法工艺主要可以做到资源综合利用，副产物硫酸铵是一种化肥和化工原料，但要注意经济性，一般在大机组和燃用高硫煤时，可生产更多的硫酸铵，效益更好。因为吸收剂氨为液态，运输费用高，所以还要考虑运输半径对经济性的影响；考虑废水排放的影响，海水法适宜于中低硫工况。钢铁行业的烟气量相对较小，通常有品质较高的石灰或消石灰，适合选用半干法；如果有废氨或氨水，可选用氨法；有色冶金工业排放的二氧化硫更多来自硫化矿而非燃煤，生产硫酸或其他产品后的尾气中含有二氧化硫。

2.二氧化硫治理技术要求

脱硫工艺中的介质有腐蚀性，与腐蚀介质接触的设备、材料要根据情况防腐。氧化风机一般流量小、压力大，通常使用容积风机。增压风机要适应主体的运行要求，并与相应的其他设备匹配，且要根据介质的腐蚀性采取相应的防腐措施。氨是一种危险品，应符合相关规定。要考虑旁路挡板门两侧工作环境的不同，一侧高温，另一侧低温。快速开启、关闭的要求是考虑紧急情况下整体工程的安全要求。搅拌器的设计很重要，涉及气、固、液三相流，重要的情况应进行水力模拟。搅拌器属于大力矩传输的转动设备，应保证工作平稳。吸收液雾化喷嘴材质应防腐、耐磨。干法／半干法脱硫工艺中，吸收剂单次反应的利用率不高，循环利用是为了提高吸收剂利用率，降低消耗。气力式吸收剂循环设备的输料能力比机械式循环槽大，循环槽的自动调节负荷装置是为了满足工艺变负荷运行的要求。

（二）氮氧化物控制措施及选用原则

1.控制措施

低 NO_x 燃烧技术是降低氮氧化物排放的根本，是从源头上加以控制的最有效措施。低 NO_x 燃烧技术主要采用低温燃烧、分级配风措施，对燃烧着火较容易的烟煤、褐煤等效果较好。燃烧较困难的贫煤、无烟煤类等用此技术排放的氮氧化物浓度会高一些。采用 SCR 脱硝装置时，高尘布置方案是指省煤器至预热器之间含尘较高但温度适宜的区域，脱硝效率高，综合经济性好。对应的低尘布置方案是指在除尘器后脱硝，虽然含尘较低，但由于温度低，需要加热，综合经济性差。

2.选用原则

由于脱硝一般采用高尘布置方案，喷氨混合系统应考虑防腐、防堵和耐磨。脱硝装置的气流均布，氨气与烟气混合的均匀性非常重要。气体导流或整流装置是脱硝装置的关键技术。脱硝反应器的设计抗爆压力应与主机相同，不能影响主机的安全。SCR 反应器入口的烟气流速偏差、烟气流向偏差、烟气温度偏差以及 NH_3/NO 摩尔比偏差都属于气流的均布问题，它们影响脱硝效率以及氨的逃逸率，影响脱硝装置的性能指标。氨属于危险品，应符合相关的要求。使用尿素时，通常采用热解法制氨。催化剂的选型是脱硝装置成败的关键，需要考虑污染物气体中的重金属含量是否会引起催化剂的中毒失效，以及灰颗粒分布对催化剂节距的影响。设置脱硝反应器催化剂备用层主要是因为要满足催化剂的更换和脱硝效率在不同情况下的要求等。催化剂的再生应达到一定的性能要求。催化剂失效后由于其含有较多种类的重金属，要考虑再生以及采取废弃处理措施时会引起的二次污染。此外，进行数值模拟一般只能使我们大致掌握气流分布状况，而物理模化实验更为精确。脱硝后，多余的氨会与烟气中的二氧化硫反应生成硫酸氢铵这种易潮粉状物，对下游部件造成腐蚀和堵塞。

（三）挥发性有机物

挥发性有机物（VOCs）的主要治理方法有冷凝法、吸收法、吸附法、燃烧法、生物法、膜分离法等。其中，吸收法、吸附法、燃烧法应用最为广泛。

（四）恶臭

恶臭物质种类繁多，分布广，影响范围大，迄今凭人的嗅觉即能感觉到的恶臭物质已有 4 000 多种，其中对健康危害较大的有硫醇类、硫醚类、氨（胺）类、酚类、醛类等几十种。多数恶臭物质会引起恶心、呕吐、头晕、头痛、呼吸中枢麻痹、食欲减退、精神错乱、嗅觉障碍等。长期接触高浓度的恶臭物质也会导致丧失意识、痉挛、支气管炎、肺炎、虚脱、走路不稳、咳嗽等，甚至中毒死亡。

当被处理的恶臭气体成分复杂，单一方法去除难以满足要求，或是运行费用较高时，可采用两种以上的脱臭工艺方法联合处理，如洗涤—吸附法、吸附—氧化法或氧化法—生物法等。恶臭治理方法有燃烧法、氧化法、吸收法、吸附法、生物法、稀释法、掩蔽法等，但常用的工程处理方法只有燃烧法、氧化法、吸收法、吸附法、生物法。

（五）卤化物

电解铝行业采用氧化铝作吸附剂，经过吸附饱和的氧化铝粉可直接作为电解铝的原料，而不需要将吸附剂再生。

卤化物对金属的腐蚀一般是针孔腐蚀，在选择防腐材料时对此应特别关注，能采用非金属材料的尽可能采用非金属材料，而不采用金属材料。

三、大气污染综合防治

大气污染物，无论是颗粒状污染物或是气体状污染物，都有能够在大气中扩散、污染面广的特点，这就是说，大气污染带有区域性和整体性的特征。正因为如此，大气污染的程度要受到该地区的自然条件、能源构成、工业结构和布局、交通状况以及人口密度等多种因素的影响。上述的各种治理技术只是对点污染源排放的大气污染物进行治理，不能解决区域性的大气污染问题。对于区域性大气污染问题，必须通过采取综合防治的措施加以解决。

所谓大气污染的综合防治，就是从区域环境的整体出发，充分考虑该地区的环境特征，对所有能够影响大气质量的各项因素做全面、系统的分析，充分利用环境的自净能力，综合运用各种防治大气污染的技术措施，并在这些措施的基础上制定最佳的防治措施，以达到控制区域性大气环境质量、消除或减轻大气污染的目的。

（一）全面规划，合理布局

大气污染综合防治，必须从协调地区经济发展和保护环境之间的关系出发，对该地区各污染源所排放的各类污染物质的种类、数量、时空分布做全面的调查研究，并在此基础上，制定控制污染的最佳方案。

（二）改善能源结构，提高能源有效利用率

中国当前的能源结构中以煤炭为主，煤炭在燃烧过程中会放出大量的二氧化硫、氮氧化物、一氧化碳以及悬浮颗粒等污染物。为防治大气污染，应该首先从改善能源结构入手，使用天然气及二次能源，如煤气、液化石油气、电等，此外还应重视太阳能、风能、地热等清洁能源的利用。

（三）区域集中供热

分散于千家万户的燃煤炉灶和市内密集的矮小烟囱是烟尘的主要污染源。发展区域性集中供暖供热，设立规模较大的热电厂和供热站等以利于减轻大气污染。

第三节　固体废弃物资源化

固体废弃物是造成环境污染，特别是城市环境污染的主要形式之一。中国目前大多数城市生活废弃物和建筑垃圾的处理都比较滞后，许多城市都出现了垃圾围城的问题。填埋占用了大量耕地，焚烧产生的有毒气体对环境和人体健康造成了危害。废弃物资源化是解决城市垃圾问题的最有效途径。

一、固体废弃物处理概况

（一）固体废弃物的概念

"固体废弃物"一词用于描述人类所丢弃的东西，一般包括厨余垃圾和碎屑物等。美国环境保护局对固体废弃物定义的范围更广，包括任何被丢弃的物品，可以再次利用、循环利用或再生的物品，污泥，有害废物等。该定义特别将放射性废物和原位采矿废物排除在外。

《中华人民共和国固体废弃物污染环境防治法》中定义了固体废弃物相关的概念，包括生活垃圾，工业固体废弃物、危险废弃物的储存、处置和利用等。

固体废弃物是指在生产、生活和其他活动中产生的丧失原有利用价值，或者虽未丧失利用价值但被抛弃或者放弃的固态、半固态和置于容器中的气态物品、物质，以及法律、行政法规规定纳入固体废弃物管理范围的物品、物质。工业固体废弃物是指在工业生产活动中产生的固体废弃物。危险废弃物是指被列入国家危险废物名录或者由国家规定的危险废物鉴别标准和鉴别方法认定的具有危险性的固体废弃物。储存是指将固体废弃物临时置于特定设施或者场所中的活动。处置是指将固体废弃物焚烧或用其他改变固体废弃物的物理、化学、生物特性的方法，达到减少已产生的固体废弃物数量、缩小固体废弃物体积、减少或者消除其危害成分的活动，或者将固体废弃物最终置于符合环境保护规定要求的填埋场的活动。利用是指从固体废弃物中提取物质作为原材料或者燃料的活动。

（二）固体废弃物的处置

固体废弃物的处置方式多种多样，包括填埋场处置、土地处理、焚烧处理、深层灌注处置、矿井处置以及其他物理、化学、生物等的方法。固体废弃物处置的目的是要改变固体废弃物的数量和性质，即减少数量、减少污染和消除危害。固体废弃物处置包括一些环节，通常所说的固体废弃物处理或预处理，可以看作固体废弃物处置的一个中间环节或预处置环节。固体废弃物处置的中间环节不排除可能导致固体废弃物利用和储存的目的。固体废弃物最终处置是非常重要，必不可少的。最终处置一定要在固体废弃物处理设施或场所中进行，这些设施或场所应该满足一定的技术要求，以保证最终处置的安全性。固体废弃物处置实行"产生者处置"和"强制处置"原则，产生者应当承担对自身所产生的废物进行适当处置的义务，无论是采取直接形式（自行处置）还是间接形式（委托他人），产生者的处置义务是法定的强制义务。

（三）固体废弃物的利用

固体废弃物的利用是将废物作为原料或替代原料的材料进行再循环，也是将其作为生产其他产品的原材料而进一步利用，使其具有资源利用价值的过程。有的固体废弃物利用虽然以处理为目的，但经过处理的固体废弃物可用于资源回收、再循环、直接再利用或其他用途，从而使材料得到利用，这种情况也是利用。固体废弃物作为原料、燃料或其他有用资源得以利用时，废物就成了生产原料或资源，但前提是它要符合原料的要求或资源的特征，满足生产或使用的要求，其产品也要满足一定的质量要求。在固体废弃物利用过程中应该尽可能减少因利用产生的污染物和环境污染。固体废弃物利用是基于废弃物具有的经济性，废弃物的经济性是导致废物利用的普遍法则。

（四）固体废弃物的储存

固体废弃物储存有两个显著特点：一是要储存在专门的设施内或场所内，而且要符合一定的技术要求；二是储存的目的是为了再利用、无害化处理和最终处置，所以废弃物储存是临时措施或短期行为，危险废弃物储存时间一般不超过一年。

储存形式包括置于容器中、灰场堆存、围墙内堆存、渣场堆存、尾矿库堆放和矸石场堆放等。

二、固体废弃物处理处置技术

（一）固体废弃物的分选

在固体废弃物的回收与利用中，分选是继破碎后的一道重要的操作工序。经过分选，将固体废弃物分门别类，用于不同的生产过程。分选是根据物质的粒度、密度、磁性、电性、光电性、摩擦性、弹性以及表面润湿性等的差异，采用相应的手段将其分离的过程。分选的方法很多，有筛选（分）、重力分选、磁力分选、电力分选、光电分选、摩擦分选、弹性分选和浮选等。

1. 筛分

筛分是依据固体废弃物的粒度不同，利用筛子将物料中小于筛孔的细粒物料透过筛面，而大于筛孔的粗粒物料留在筛面上，完成粗细物料分离的过程，也就是将粒度范围较宽的混合物料按粒度分成若干个不同级别的过程。它主要与物料的粒度或体积有关，比重与形状对筛分的影响较小。

2. 重力分选

重力分选简称为重选，是根据固体废弃物不同物质间的密度差异，在运动介质中的重力、介质动力和机械力的作用下，颗粒群产生松散分层和迁移分离，从而得到不同密度产品的分选过程。

按介质不同，重选可分为重介质分选、淘汰分选、风力分选和摇床分选等。

3. 磁力分选

固体废弃物的磁选是在不均匀磁场中，利用固体废弃物各组分之间的磁性差异而使不同组分实现分离的一种分选方法。磁选过程是将固体废弃物输入磁选机后，磁性颗粒在不均匀磁场作用下被磁化，从而受磁场吸引力作用，被吸在圆筒上，并随圆筒进入排料端排出。非磁性颗粒由于所受的磁场作用力很少，仍留在废物中被排出。

4. 电力分选

电力分选是利用固体废弃物中各种组分在高压电场中电性的差异来实现分选的一种方法。分选器由接地的金属圆筒板（正极）和放电板（负极）组成，放电板与圆筒间有适当距离，而在极间发生电晕放电，产生电晕电场区。物料随滚筒转动进入电晕电场区后，由于空间带有电荷使之获得负电荷。物料中的导电颗粒荷电后立即在滚筒上放电，当滚筒进入静电场之后，导电颗粒负电荷释放完毕并从滚筒上获得正电荷而被排斥，在电力、重力、离心力的综合作用下排入料斗。而非导电颗粒不易在滚筒上失去所荷负电荷，因而与滚筒相吸被带到滚筒后方用毛刷强制刷下，从而完成了分选过程。

5. 浮选

浮选是依据物料表面性质的差异在浮选剂的作用下，借助气泡的浮力，从物料的悬浮液中分选物料的过程。在固体物料中，因表面性质的差异，有些物质呈疏水性，易黏附在气泡上，有些物质则呈亲水性，不易黏附在气泡上。浮选法就是在一定浓度的料浆中加入各种浮选药剂，在充分搅拌下通入空气，于是在悬浮的料浆内部就产生了大量的弥散性气泡，疏水性的物料颗粒易黏附于气泡上，并随气泡上浮聚集在液面上。把液面上泡沫刮出，形成泡沫产物；而亲水性的物料颗粒仍留在料液中。由此依物料表面性质的差异将物料分离。

（二）有机固体废弃物生物堆肥处理

堆肥化就是依靠自然界中广泛存在的细菌、放线菌、真菌等微生物，人为地促进微生物降解有机物，使其向稳定的腐殖质转化的生物化学过程。堆肥化的产物称为堆肥。堆肥化可以将有机物转变成有机肥料，这种有机肥料作为最终产物不仅稳定，而且不危害环境。因此，堆肥化是废物的一种无害化的、稳定的处理形式。

城市生活垃圾是堆肥微生物赖以生存处理繁殖的物质条件，由于微生物生活时有的需要氧气，有的不需要氧气，因此，根据处理过程中起作用的微生物对氧气的要求不同，有机废弃物处理可分为好氧堆肥法和厌氧堆肥法两种。

好氧堆肥法是在通气条件下利用好氧微生物的活动使有机物得到降解。由于好氧堆肥堆体的温度较高，一般在 $50\sim60\ ℃$，极限可达 $80\sim90\ ℃$，故亦称为高温堆肥。厌氧堆肥法是利用厌氧微生物发酵堆肥。

1. 好氧堆肥原理

起始阶段由不耐高温的细菌分解有机物中易降解的葡萄糖、脂肪等，同时放出热量使温度上升，温度可达 $15\sim40\ ℃$。

高温阶段耐高温菌迅速繁殖，在供氧条件下，部分较难降解的有机物（蛋白质、纤维等）继续被氧化分解，同时放出大量热能，使温度上升至 $60\sim70\ ℃$。当有机物基本降解完时，嗜热菌因缺乏养料而停止生长，产热随之停止，堆肥的温度逐渐下降，当温度稳定在 $40\ ℃$ 时，堆肥基本达到稳定，形成腐殖质。

在熟化阶段，冷却后的堆肥中，一些新的微生物借助残余有机物（包括死掉的细菌残体）而生长，最终完成堆肥阶段。

2. 好氧堆肥过程

堆肥的原料必须有微生物生长繁殖所必需的营养成分，如碳水化合物、脂类、蛋白质等。堆肥原料有生活垃圾，人、禽、畜粪便，农、林业固体废弃物，有机污泥，如污水污泥、污水生化处理污泥等。现代化堆肥生产，通常由前处理、主发酵（一次发酵）、后发酵（二次发酵）、后处理及脱臭、储存 6 个工序组成。

（1）前处理

前处理操作是通过破碎和分选，除去非堆肥化物质及调整垃圾的粒度。前处理往往包括破碎、分选、筛分等工序。破碎、分选和筛分可去除粗大垃圾和非堆肥物，并且破碎可使堆肥原料的含水率达到一定程度的均匀化。同时，破碎、筛分使原料的表面积增大，便于微生物繁殖，提高发酵速度。另外，在增加物料表面积的同时，还必须保持一定程度的空隙率，以便于通风而使物料能够获得充足的氧气。堆肥破碎适宜的粒度范围是 12～60 mm。

（2）主发酵

主发酵（一次发酵）可在露天或发酵装置内进行，通过翻堆或强制通风向堆积层或发酵装置内供给氧气。易分解的物质分解，产生二氧化碳和水，同时产生热量，使堆温上升。微生物吸取有机物的碳氮等营养成分，在其自身繁殖的同时，将细胞中吸收的物质分解而产生热量。

发酵初期，物质的合成、分解作用是靠生长温度为 30～40 ℃的中温菌（也称中温活性菌）进行的。随着堆温的升高，最适宜温度为 45～60 ℃的高温菌（也称高温活性菌）取代了中温菌，高温菌在 60～70 ℃或更高温度下能进行高效率地分解（高温分解比低温分解速度快得多）。氧的供应情况和保温的良好程度对堆肥的温度上升有很大的影响。温度过低，表明空气量不足或放热反应速率减弱，分解接近结束。温度达到 60 ℃时，蛔虫卵、病原菌、孢子等均可被杀灭。一般将温度升高到开始降低为止的阶段称为主发酵期，以厨房垃圾为主体的城市垃圾及家畜粪尿堆肥主发酵期一般为 3～8 天。

（3）后发酵

经过主发酵的半成品被送去后发酵（二次发酵）。在主发酵工序中尚未被分解的易分解及较难分解的有机物可能全部被分解，变成腐殖酸、氨基酸等比较稳定的有机物，得到完全成熟的堆肥成品。通常，把物料堆积到 1～2 m 的高度进行后发酵，并需要有防止雨水流入的装置，有时还要进行翻堆或通风。后发酵期间的长短，取决于堆肥的使用情况。一般后发酵时间通常在 20～30 天。

（4）后处理

经过二次发酵后的物料中，几乎所有的有机物都变得细碎或变形，数量也减少了。然而，城市生活垃圾堆肥时，在前处理工序中还没有完全去除塑料、玻璃、金属、小石块等杂物。因此，还要经过一道分选工序以去除杂物，并根据需要进行破碎。

（5）脱臭

部分堆肥工艺中，堆肥物在堆制过程和结束后会有臭味，必须进行脱臭处理。去除臭气的方法主要有化学除臭剂法，碱水和水溶液过滤法，熟堆肥或活性炭、沸石等吸附剂过滤法。

（6）储存

堆肥一般在春、秋两季使用，夏、冬两季生产的堆肥只能储存，因此要建立一个可储存 6 个月生产量的库房。储存方式是将其直接堆存在二次发酵仓中或包装袋中。要求储存的地方干燥、通风，密闭或潮湿的环境都会影响制品的质量。

3. 影响好氧堆肥的因素

影响好氧堆肥的因素很多，主要因素有以下几种。

（1）有机物含量和营养物

如果有机质含量低，则产生的热不足以维持堆肥所需要的温度，并且生产的堆肥产品由于肥效较低而影响其使用。但是，过高的有机物含量又将给通风供氧带来影响，从而产生臭气和厌氧细菌。研究表明，堆肥最适合的有机物含量为 20%～80%。

（2）含水率

含水率在堆肥过程中很重要，微生物在分解有机物和生长繁殖过程中需要一定的水分，含水率的高低影响着分解过程的速度。含水率低于 30% 时，微生物在水中摄取营养物质的能力降低，有机物分解缓慢。水分低于 12% 时，微生物的繁殖就会停止；如果含水率超过 65%，水就会充满物料颗粒间的间隙，堵塞空气的通道，使空气含量大量减少，使堆肥由好氧状态向厌氧状态转化，温度急剧下降，其结果是形成发臭的中间产物。

（3）通风供氧

通风量的多少与微生物活动的强烈程度和有机物的分解速度及堆肥物的粒度密切相关。因此，堆肥时必须保证充分供氧。为了解决供氧问题，必须适时适量地通风，需氧量应根据堆肥物质的水分和堆肥温度而定。

（4）碳氮比

碳是发酵过程的动力和热源，氮主要用于合成生物体，也是反应速度的控制因素。含氮多的有机物，其碳氮比小，分解快，堆肥周期短；反之，含碳多的有机物，碳氮比大，影响降解速度，堆肥周期长，同时由于氮素养料的不足而使微生物生命活动减弱。初始碳氮比为（30～35）：1 是最理想的。

（5）温度

温度是堆肥的一个主要因素，温度的变化在很大程度上受氧气用量的限制，因此，可以通过控制通风量调节温度。实验证明，堆肥温度应保持在 60～65 ℃。

（6）pH

适宜的 pH 可使微生物有效发挥作用。太高或太低都会影响堆肥的效率。一般认为 pH 为 7.5～8.5 时，可获得最大堆肥速率。

（三）固体废弃物厌氧发酵处理

厌氧发酵是废弃物在厌氧条件下通过微生物的代谢活动被稳定化，同时伴有甲烷和二氧化碳产生的过程。厌氧发酵的产物——沼气是一种比较清洁的能源，同时发酵后的渣滓又是一种优质肥料，实践证明，沼气肥对不同农作物均有不同程度的增产效果。

1. 厌氧发酵的原理

有机物的厌氧发酵过程可分为液化、产酸和产甲烷 3 个阶段，3 个阶段各有其独特的微生物类群起作用。

液化阶段主要是发酵细菌起作用，包括纤维素分解菌、蛋白质水解菌。

产酸阶段主要是醋酸菌起作用。

以上两阶段起作用的细菌统称为不产甲烷菌。

产甲烷阶段主要是甲烷细菌起作用。它们将产酸阶段产生的产物降解成甲烷和二氧化碳，同时利用产酸阶段产生的氢将二氧化碳还原成甲烷。

2. 厌氧发酵的影响因素

（1）原料配比

配料时应控制适宜的碳氮比，各种有机物中所含的碳素和氮素差别较大。

为达到厌氧发酵时微生物对碳素和氮素的营养要求，各种有机物的碳氮比以（20～30）：1 为宜，当碳氮比为 35：1 时产气量明显下降。

（2）温度

温度是影响产气量的重要因素，在一定温度范围内温度越高产气量越高，因为高温可加速细菌的代谢使分解速度加快。

（3）pH

pH 对于甲烷细菌来说，维持弱碱性环境是绝对必要的，它的最佳 pH 范围是6.8～7.5，为使发酵池内的 pH 保持在最佳范围内，可以加石灰进行调节。

3. 厌氧发酵工艺

厌氧发酵的工艺类型较多，按发酵温度、发酵方式、发酵级差的不同，划分为几种类型。使用较多的是按发酵温度划分的厌氧发酵工艺类型。

（1）高温厌氧发酵工艺

高温厌氧发酵工艺的最佳温度范围是 47～55 ℃，此时有机物分解旺盛，发酵快，物料在厌氧池内停留时间短，非常适于城市垃圾、粪便和有机污泥的处理。其主要程序包括高温发酵菌的培养，高温的维持，原料投入与排出，发酵物料的搅拌等。

（2）自然温度厌氧发酵工艺

自然温度厌氧发酵指在自然界温度影响下发酵温度发生变化的厌氧发酵。

（四）固体废弃物焚烧处理

垃圾焚烧法是将城市垃圾进行高温热处理，在800～1 000 ℃的焚烧炉炉膛内，垃圾中的可燃成分与空气中的氧进行剧烈的化学反应，放出热量，转化为高温的燃烧气和量少而性质稳定的固体残渣。燃烧气可以作为热能回收利用，性能稳定的残渣可直接填埋。

经过焚烧，垃圾中的细菌、病毒被彻底消灭，带恶臭的氨气和有机质废气被高温分解，因此，焚烧法能以最快速度实现垃圾无害化、稳定化、减量化、资源化的最终处理目标。

1. 焚烧的主要影响因素

焚烧过程的主要影响因素是所谓"3T"，即时间、温度和物料与空气湍流的混合程度。

（1）时间

一般认为，焚烧时间与固体粒度的平方近似成正比，固体粒度愈细，与空气的接触面愈大，燃烧的速度就愈快，固体废弃物在燃烧室的停留时间就愈短。

（2）温度

燃烧温度低，会使废物燃烧不完全。燃烧的温度必须保持在废物燃料的起燃温度以上，温度愈高，燃烧反应速度愈快，停留时间愈短。燃烧温度取决于废物燃料的特性，如起燃温度、含水量、炉子结构及燃烧空气量等。

（3）湍流混合程度

一般情况下，氧浓度高，燃烧的速度就快。为了使废物能够更好地燃烧，燃烧层内必须有足够的空气湍流，燃烧废物与空气湍流混合度越高，则燃烧层越容易保持足够的氧浓度，使燃烧速度加快，但过多的空气鼓入会加剧燃烧热损失，降低燃烧温度，延缓反应速度。因此，应保持适度的空气。

2. 焚烧技术条件

（1）燃烧室出口温度和烟气滞留时间的要求

为了使燃烧更加完全，同时为了尽量避免产生二噁英等有害物质，一般要求燃烧室的出口温度为850～950 ℃，且在此温度域的停留时间为2 s以上，这已基本成为目前大中型焚烧炉设计的标准。同时，从垃圾臭气焚烧分解的角度来看，要求燃烧温度在700 ℃以上，停留时间为0.5 s以上。

（2）炉膛空气供给量的要求

炉膛空气供给量的选择与炉型、固体废弃物性质、空气供应方式有关。过剩空气比范围在1.7～2.5，这比一般燃料燃烧时的空气比要大。

（3）焚烧灰渣热灼减量的要求

灰渣的热灼减量是衡量焚烧灰渣的无害化程度的重要指标，也是炉排机械负荷设计的主要指标之一。目前焚烧炉设计时的灰渣热灼减量值一般在 3% 以下，大型连续运行的焚烧炉也要求在 3% 以下。

3. 焚烧系统组成

（1）原料储存系统

固体废弃物进入焚烧系统之前应使物料中的不可燃成分降为 5% 左右，粒度小而均匀；含水率降为 15% 以下，不含有毒有害物质。因此需要有人工拣选、破碎、分选、脱水和干燥等工序的预处理环节。另外，为保证焚烧系统的操作连续性，需要建立焚烧前垃圾的储存场所，使设备有必要的机能性。

（2）进料系统

焚烧炉进料系统分为间歇式与连续式两种。现代大型焚烧炉均采用连续进料方式。连续进料系统是由一台抓斗吊车将废物由储料仓中提升，卸入炉前给料斗。料斗经常处于充满状态，以保证燃烧室的密封。料斗中废物再通过导管由重力作用溜入燃烧室，提供连续物料流。

（3）焚烧系统

焚烧系统主要包括炉床及燃烧室，每个炉体仅有一个燃烧室。炉床多为机械可移动式炉排构造，可让垃圾在炉床上翻转燃烧。燃烧室一般在炉床正上方，可提供燃烧废气数秒钟的停留时间。由炉床下方往上喷入的一次空气可与炉床上的垃圾层充分混合，由炉床正上方喷入的二次空气可以减少废气的搅拌时间。

（4）废气排放与污染控制系统

废气排放与污染控制系统包括烟气通道、废气净化设施与烟囱。粉尘污染控制的常用设施是沉降室、旋分器、湿式泡沫除尘设备、过滤器、静电除尘器等。废气通过选用的除尘设施后，含尘量应达到国家允许排放废气的标准。恶臭的控制只能根据某种气体的成分，进行适当的物理与化学处理，减轻所排废气的异味。

（5）排渣系统

排渣系统是由移动炉排、通道及与履带相连的水槽组成的。灰渣在移动炉上由重力作用经过通道，落入储渣室水槽。经过水淬冷却的灰渣，由传送带送至渣斗，用车辆运走，或用水力冲击设施将炉渣冲至炉外运走。

（6）焚烧炉的控制与测试系统

焚烧过程的测试与控制系统包括空气量的控制、炉温控制、压力控制、冷却系统控制、集尘器容量控制、压力与温度的指示、流量指示、烟气浓度及报警系统等。

（7）能源回收利用系统

焚烧炉热回收系统主要有与锅炉合建的焚烧系统。锅炉设在燃烧室后部，使热转化为蒸汽回收利用。利用水墙式焚烧炉结构，炉壁以纵向循环水列管替代耐火材料，管内循环水被加热成热水，再通过后面相连的锅炉生成蒸汽回收利用。将加工后的废物与燃料按比例混合作为大型发电站锅炉的混合燃料。

4.对二次污染物的控制

（1）对尾气的控制

焚烧的二次污染主要来自尾气排放，经测定，焚烧的尾气中污染物成分主要为飘尘、SO_2、NO 和 HCl 及其他的一些微量污染物，目前所采用的净化设备一般以洗涤和吸收方法去除尾气中的 SO_2、NO 和 HCl，以电除尘方法去除飘尘。

（2）对二噁英的控制

二噁英产生的主要原因：苯酚、氯苯等结构相近的物质（称为前驱体），在废气冷却过程中，前驱体等有机物变成二噁英，产生二噁英。传统的静电除尘器烟气温度正好在此温度域内。

抑制二噁英产生的最有效的方法是控制"3T"的范围。

温度：保持炉内高温 800 ℃以上（最好是 900 ℃以上），将二噁英完全分解。

时间：保证足够的烟气高温停留时间，在 1～2 s 以上。

涡流：优化炉形和二次空气的喷入方法，充分混合搅拌烟气达到完全燃烧。

另外，在烟气处理过程中，尽量缩短 250～900 ℃温度域的停留时间，降低除尘器前的烟气温度，避免二噁英的产生。

对产生了的二噁英的处理方法：喷入粉末活性炭吸收二噁英；设置触媒分解器分解二噁英；设置活性炭塔吸收二噁英。

（五）固体废弃物卫生填埋处理

填埋主要分为两种：卫生填埋和安全填埋。

1.卫生填埋法的原理

卫生填埋是把运到填埋场的废物在限定的区域内铺设成 40～75 cm 的薄层，然后压实以减少废物的体积，每天操作之后用一层 15～30 cm 厚的土壤覆盖并压实。由此就构成了一个填筑单元。同样高度的一系列互相衔接的填筑单元构成一个升层。完整的卫生土地填埋场是由一个或多个升层组成的。当填埋达到最终设计高度之后，再最后覆盖一层 90～120 cm 厚的土壤压实就形成了一个完整的卫生填埋场。

2.卫生填埋场的选址要求

（1）确定填埋场的面积

需要根据固体废弃物的来源、种类、性质和数量确定场地的规模。填埋处置场地要有足够的面积，否则用于建立填埋场投入的设施、管理都不会有太高的效益和回报，增加了处置的成本。

（2）运输距离

运输距离的长短对今后处置系统的整体运行有着决定性的意义，既不能太远，又不能对城镇居民区的环境造成影响。同时公路交通应满足能够在各种气候条件下进行运输的要求。

（3）土壤与地形条件

填埋场的底层土壤应有较好的抗渗透性，以防浸出液对地下水质的污染。覆盖所用的黏土最好是取自填埋场区的土壤，这样不仅可以降低运输的费用，还可以增加填埋场的容量。土质应易于压实，防渗能力强。填埋场地形应有较强的泄水能力以便于施工操作及各项管理。天然泄水漏斗及洼地等不宜做填埋场。

（4）气象条件

气候可影响交通道路和填埋效果，一般应选择蒸发量大于降水量的环境，在北方还应考虑冬季冰冻严重时，不能开挖土方，须有相当数量的覆盖土壤储备。另外，为了防止废纸张、废塑料等易被风扬起飘向天空污染环境，场地还需设防风屏障。防风屏障避免设置在风口。

（5）地质和水文

确定填埋场区的环境是否适宜时应全面掌握填埋区的地质、水文地质条件，避免或减少浸出液对该地区地下水源的污染。一般要求地下水位尽量低，距填埋底层至少 1.5 m。

（6）环境条件

填埋操作易产生噪声、臭味及飞扬物，造成环境污染。因此，填埋场应避免选在居民区附近，最好是在城市的下风口。

（7）场地的最后利用

填埋场封场以后，要求有相当面积的土地能作他用，如公园、高尔夫球场或仓库等。这些均需在填埋场设计和运行时统筹考虑。

3. 渗滤液的产生及控制

填埋场的防渗系统要能有效地防止地下水的污染，该系统主要包括两项工程：一是设置防渗衬里；二是建立排水、集水等设施对浸出液进行妥善处理。

设置防渗衬里就是在填埋垃圾和土体之间设置一不透水层。衬里分人造和天然两种，前者包括沥青、橡胶和塑料薄膜；后者主要是黏土，渗透系数小于 1×10 cm/s，厚度至少为 1 m。

渗滤液的集排工程的技术要求如下。

①渗滤液的收集系统可由 300 mm 厚层流、盲沟（或穿孔管）铺设而成，管道或沟道以不小于 1% 的坡度坡向集水井或污水调节池。

②集水井的尺寸应满足水泵的安装要求，并保证 5 min 以上的给水量。

③渗滤液收集系统必须在封场后至少 10～15 年内保持有效，系统还应具有抗化学腐蚀的功能。

④收集的渗滤液在处理前应先进污水调节池，调节池的容量应保证足够容纳渗滤水量并能承受暴雨引起的冲击负荷。

⑤渗滤液的处理应尽量与城市污水处理相结合，在经过调节池和预处理后，可排入城市下水道进城市污水处理厂。

为更有效地保护地下水，对填埋场还要选择合适的覆盖材料，以防止雨水进入填埋的垃圾。覆盖材料采用黏土或者塑料布上再覆盖黏土。

4. 气体的产生及控制

垃圾被填埋后，废物中的有机物在微生物的作用下被降解，产生的气体主要有甲烷、二氧化碳、氨、水及少量的硫化氢。这些气体对环境有一定的影响，因此，必须对其进行收集控制或铺管排放、焚烧或作能源加以利用。

（1）填埋气体的收集

填埋场气体的收集系统由气体抽吸井、气体收集支管和总管构成一个覆盖全填埋场的气体传输网。气体收集系统的总管和风机的负压面相连，使气体收集系统和填埋区域处于负压状态，从而使气体收集井和收集槽中的填埋场气体不断抽吸上来。

（2）填埋场气体控制

气体控制工程常用的方法有渗透法排气和密封法排气两种。

①渗透法是控制土地填埋场产生的气体进行水平方向运动的一种有效方法。填埋时用沙石建造出了排气孔道，气体会自动沿通道水平运动进入收集井。

②密封法可采用渗透性较土壤差的材料作阻挡层，在不透气的顶部覆盖层中设置排气管。排气管与设置在浅层砾石排气管道或设置在填埋废物顶部的多条集气支管相连接处，还可用竖管燃烧甲烷气体。当填埋场地附近有建筑物时，竖管要高出建筑物。

作为有毒有害的物质，填埋场的气体必须进行收集、控制，但从资源利用的角度来看，填埋气体中的甲烷具有相当高的热值。对其的利用概括起来有以下几种：一是低热值的气体直接利用，销售给邻近的工业用户，或用以产生蒸汽作为供热源；二是用来发电；三是经净化回收，提高其热值后，并入城市燃气网使用；四是液化提纯，液化成液化天然气或作为生产甲醇的工业原料。

填埋方法的选择可根据具体的操作条件而定，既要做到废物的储存稳定化、无害化和资源化，还要最大限度地利用自然条件，以最少的经济投入使填埋场对周围环境的污染降到最低限度。实用的卫生填埋的方法有 3 种：沟壑法、平面法和斜坡法。

①沟壑法。该法是将废物铺撒在预先挖掘的沟槽内，然后压实，再把挖出的土作为覆盖材料铺撒在废物之上并压实，即构成基础的填筑单元。当地下水位较低且有充分厚度的覆盖材料时，适宜选用本法。沟槽大小需根据场地大小、日填埋量及水文地质条件决定，通常其长度为30～120 m，深1～2 m，宽45～75 m。沟壑法的优点为覆盖材料就地可取，每天剩余的挖掘材料可作为最终表面覆盖材料。

②平面法。平面法是把废物直接铺撒在天然的土地表面上，按设计厚度分层压实并用薄层黏土覆盖，然后再整体压实。该法可在坡度平缓的土地上采用，但开始要建造一个人工土坝，倚着土坝将废物铺成薄层，然后压实。最好选择峡谷、山沟、盆地、采石场及各种人工或天然的低洼区作填埋场，但要保证不渗漏。其优点是不需开挖沟槽或基坑，但要另寻覆盖材料。

③斜坡法。斜坡法是将废物直接铺在斜坡上，压实后用土壤进行覆盖后再压实。如此反复填埋即为斜坡法。该法主要是利用山坡地带的地形，特点是占地少、填埋量大、挖掘量小。

第四章　环保产业市场化问题

第一节　环保产业市场化概念与理论

一、环保产业市场化的概念与内涵

（一）市场和市场化

狭义的市场是指商品交换的场所。广义的市场是指人们之间发生的商品交换关系的总和。市场是社会发展到一定历史阶段的必然产物，是商品经济运行的载体，是商品经济存在的基础，是促进商品经济发展的土壤和条件。环保产业也是社会分工的产物，作为环保产业微观主体的个体，其生产目的也是实现其价值，即进行污染治理和环境保护的目的是获得经济效益。因此，环保产业是存在"市场"的。

市场化有两层含义：第一，从微观层面看，市场化意味着任何一种产品或要素的交易集合从政府管制（价格、产量、利润、进出自由等）转变为通过市场调节；第二，从宏观层面看，市场化意味着在全社会有更多的资源配置从由政府支配转变为通过市场制度来实现。

（二）环保产业市场化

环保产业市场化具有广义和狭义两个含义。

狭义的环保产业市场化主要包括两部分内容：一是环境保护除了利用行政、法律的手段外，还需利用市场经济手段；二是环保产业要充分利用市场机制的作用，在完善的市场环境下，进行自我经营、自我约束和自我发展。

广义的环保产业市场化除了包括狭义的内涵外，还包括环保产业发展的法制化。因为市场化是市场经济的必然要求，是以市场作为配置资源的手段的，同时又是必须以市场经济的法制手段来维护市场运行的。

具体说来，环保产业市场化是指根据环保产业自身的特点，通过相应的技术、经济、管理、法律等手段，将环保产业推向市场，按照市场经济的运行规则来组织和经营环保产业，坚持以市场为导向、以产品和服务为龙头、以创新为动力、以企业为主体的发展思路，逐步形成统一开放、竞争有序的环保产业市场体系和运行机制，促进环保产业巨大的潜在市场向现实市场转化。

二、环保产业市场化发展的特征

环保产业市场化发展具有以下几个重要特征。

（一）环境保护的产业化

环境保护的产业化指把环境污染治理和环保设施运营完全按照产业的规律来运营和组织，环保产业及治污企业也应按照产业的要求来经营，按照对企业的经济要求，降低成本，发展技术，开发产品，开展营销等。

（二）环保产业的社会化

环保产业的社会化指环保产业的发展不仅是生产企业的活动，而且是社会的责任和任务。随着需求的扩大，环保产业将发展成一个社会性质的产业，完成这项任务要依靠全社会的力量，按照经济的办法服务于对环境污染治理有要求的各行各业。

（三）环保企业的科技化和专业化

环保产业的科技化和专业化指环保产业的发展要依靠科技创新和服务创新，不断提高技术装备水平和治理服务水平，加强管理，降低成本，增强配套性，提高标准化、系列化程度，发展大型化、集团化、现代化的环保企业集团，实现环保产业环境效益、社会效益和经济效益的有机统一。

（四）环境资源资本化

环境资源资本化指国家明确环境资源的产权，将其作为资本来运营，将资源的增加和耗减、环境的修复和恶化以货币形式列入国民经济账户中，按市场运作实现经营权的有偿转让。

（五）环保投融资方式多元化

环保投融资方式多元化指充分利用市场机制，实现环保产业投资主体多元化和投资渠道、融资方法的多样化。

（六）环保市场的法制化、规范化

环保市场的法制化、规范化指对环保市场执法严密，市场规范、竞争有序。

综上，环境保护的产业化，环保产业的社会化、专业化，环境资源的资本化和环保投融资的多元化，以及环保市场的法制化和规范化是环保产业市场化发展的重要特征。

三、环保产业市场化的理论基础

用什么样的理论来指导环保产业市场化，在我国还没有很系统的研究和论述。西方国家自 20 世纪 70 年代后期以来，政府行政改革中产生了很多颇具借鉴意义的理论，包括公共物品理论、自然垄断可竞争理论、新公共管理理论。这些理论为我国的市场经济改革和发展提供了有益的指导，构成了我国市场化改革的理论基础。

（一）公共物品理论

公共物品理论创立于 20 世纪 60 年代，是西方经济学大厦的理论支柱之一，也是公共经济学和财政学最重要的分析工具。对于公共物品理论的发展，萨缪尔森、布坎南、奥斯特罗姆等经济学家做出了突出的贡献。萨缪尔森认为，公共物品可以分为纯公共物品和准公共物品。纯公共物品是完全具备"非排他性"和"非竞争性"的物品；准公共物品是指具备"非排他性"和"非竞争性"两者中的一个特性，另一个不具备或不完全具备，或两个都不具备但具有很大的外部收益性的产品。因为纯公共物品的资金投入大，具有非赢利的特点，所以它主要由政府部门提供，但"即使在纯公共领域，公共产品的政府供给并不等于公共物品完全由政府直接生产"。而准公共物品介于公共物品和私人物品之间，虽具有公共性，但在性质上更接近私人物品，因此，可以市场方式提供，不应像纯公共物品那样由政府包揽。该理论对公共物品特性的划分，为公共服务市场化提供了依据。

（二）自然垄断可竞争理论

长期以来，传统自然垄断理论认为，供电、供水、道路等城市公共设施行业具有规模经济、沉淀成本巨大和网络经济的特点，采用竞争的方式经营会造成供给不足或者重复投资，损害社会福利。因此世界上大多数国家城市公共设施基本上采取的都是垄断经营：政府直接投资建设，并由政府主管的公营企业进行运营管理；或者存在私人提供公共设施的情况，但政府也施加严格的规制。但从现实来看，对自然垄断的规制效果并不理想。基于对传统自然垄断效率的质疑，1982年鲍莫尔、潘扎尔、威利格在《可竞争市场和产业结构理论》中从完全市场理论出发，提出了更为宽泛的可竞争市场理论。

可竞争市场理论认为，只要市场上存在潜在的进入者，自然垄断企业就有竞争的压力，市场在位者就不能随意使用资源和定价，这样的市场是有效率的。这种市场结构并不需要很多在位的竞争企业，只要保持市场上企业自由准入的机会，潜在的竞争压力就会显现出来。该理论提出了 3 个前提条件：①任何企业都可以自由地进入或退出市场，并且潜在进入者较现有企业并不存在竞争的劣势；②潜在进入者可根据现有企业的价格水平预估盈利的大小，并选择进入与否；③潜在进入者能够采取所谓"打了就跑"的策略。根据该理论，对于自然垄断产业的政府规制是没有必要的，潜在的竞争机制完全可以引导自然垄断产业内的资源配置达到最优水平。正是因此，20 世纪 70 年代末以来西方国家纷纷在公用事业领域开放垄断，实行公共事业私有化，放松或者消除规制的改革，引进竞争机制。

（三）新公共管理理论

20世纪70年代后期，西方各国政府在传统公共行政模式和福利方面面临由国家政策导致的日益严重的政府治理困境，具体表现为财政危机、管理危机和信任危机。正是因此，新公共管理应运而生。新公共管理理论主张引进私营部门的管理技术，利用市场竞争机制改善公共部门的管理绩效。新公共管理主张"小政府"，认为应该充分发挥市场和社会的作用，同时认为通过顾客导向和消费者主权而不是通过集权、程序、责任可以有效改善政府绩效，引进私营部门管理技术进行政府管理的变革，同时在公共服务中引入竞争机制来改善质量和水平。该理论认为，公私管理并不存在实质差别，私营部门采取的很多管理方法和手段，大都可以为公共部门所用。其新意在于，利用市场力量改造政府，缩小政府规模，完善公共服务，提高政府绩效。在西方经济学看来，市场历来被认为是最有效的资源配置机制，因此新公共管理主张尽可能地利用市场方法来解决公共领域的问题。

环保产业具有显著的外部性，因而具有较强的公益性特征。狭义的环保产品（应包含环保设备和环境服务）基本属于纯公共物品的范畴，广义的环保产品包括绿色消费品，即将私人物品包含在内。但狭义的污染治理服务，则属于公共服务的范畴。可竞争市场理论和新公共管理理论为我们实行公共服务市场化改革指明了方向。政府职能市场化和政府管理社会化已经成为行政改革的核心任务。在公共服务的提供上，政府要剥离部分职能交给市场和社会去完成，这样既能提高效率又能形成竞争，尤其可以提高公共服务的品质，而政府专司宏观调控和质量监督，从而形成一个政府、企业和社会多元参与的公共服务供给格局。市场化带来了企业间的竞争，也加强了企业的参与度，促进了相关组织的创新活力，提高了政府对社会需求的应变能力，强化了公共服务的有效供给。

第二节　环保产业市场化发展的驱动力

一、环保产业市场化发展的驱动力体系

环保产业市场化驱动力在环保产业市场化进程中起到重要作用，市场化使环保产业资源得到合理配置，提高资源利用效率，促进环保产业升级。根据驱动力来源，通过对国内外环保产业市场化驱动因素的归纳分析，可以将环保产业市场化的驱动力分为内部驱动力和外部驱动力。政府制定的环境政策、环境法规这两个外部驱动因素创造了环保产业市场，促进了环保产业法制化，是环保产业市

场化形成的原动力。由市场决定的市场供需机制、环保投融资机制、市场竞争机制、市场价格机制等外部驱动因素是环保产业市场化的市场动力，促使环保产业市场按照市场规律运行。需求动力由社会经济发展水平、公众环保意识、环保贸易需求3个驱动因素构成。供给动力主要是激励企业进入环保产业，形成产业供给。外部驱动力对于环保产业的市场化有特别重要的意义。

中国环保产业协会对环保产业市场化进程中各种要素的影响程度做出了计算。可以看出，技术进步与创新、环保产业结构与规模等内驱动因素对环保产业市场化的影响程度达到35%，外驱动因素中的环境保护政策法规占20%的权重，资金动力占40%的权重，市场机制占5%的权重，可见外部驱动力在环保产业市场化中起着重要的促进作用。

可见，内因与外因的共同作用促进了环保产业市场化的快速发展。

二、环保产业市场化发展驱动因素分析

（一）内部驱动因素分析

1. 环保产业规模与结构

产业规模与结构决定环保产业市场化的程度。环保产业规模较小，结构不合理，市场化的要求也较低。环保产业规模较大，结构趋于合理，对于企业而言，能够获得规模优势，提高资源的利用效率，必然形成较高的市场化。从发达国家环保产业发展历程来看，随着环保市场规模的不断扩大，产业结构趋向合理，市场化程度也逐渐提高。

2. 环保技术创新动力

环保技术创新在环保产业的市场化过程中起到催化剂的作用。环保技术的创新创造出新的环保市场供给与需求，促进环保市场的不断扩大。同时，技术领先的企业能够占领市场，新技术淘汰旧技术，使资源在市场中进行重新配置，提高了效率，进而提高了市场化程度。环保产业是集知识密集型与技术密集型于一体的高新技术产业，需要其他相关产业不断提供技术支持。比如，近年来先进膜技术及膜材料的应用，带动了城市污水及工业废水治理水平的大幅度提升。因此，环保产业的市场化离不开技术动力的驱动。

在环保产业市场化发展内部驱动力体系中，产业规模与结构是环保产业市场化发展的决定因素；技术创新在环保产业市场化发展中起到催化加速的作用，可视为环保产业内部驱动的关键因素。

（二）外部驱动因素分析

1. 环境法规和执法

环境法规是环保产业发展的强制性动力。环境保护法规越健全，环保标准与

环保执法越严格，环保产业市场化程度就越高。许多发达国家都通过制定严格的标准和法规来达到控制污染、保护环境的目的。环境法规从法制化的角度促进了环保产业市场化的发展。

2. 环境政策及环保产业政策

环境政策是环境保护的大政方针，可引导环保产业市场的发展方向，并为环保产业市场化发展提供需求。环保产业政策包括环保产业技术政策和经济政策，二者共同使企业按照市场经济的运行规则来组织和经营环保产业，保证和加快了市场化。一方面，适合国情、满足环境保护要求、符合环保产业发展规律的技术和政策能够引导企业有重点地开发急需的环保技术，以满足市场的迫切需要，推动环保产业市场的转化；另一方面，以各种激励机制和经济政策来鼓励和支持企业发展环保产业，特别是在财政、金融、税收等方面所采取的优惠政策将加快市场的发展和潜在市场的转化。

3. 市场需求动力

环保产业市场需求是环保产业市场存在的前提条件，是环保市场发展和运行的决定性因素。环保产业市场需求拉动环保产业的供给，形成环保产业市场。市场需求动力主要来自三方面：社会经济发展水平、公众的环境意识、环境贸易需求。

（1）社会经济发展水平

从国际方面来看，经济发展水平较高的国家，由于有着雄厚经济基础和较高的环境质量要求，它们在减少污染、保护环境上的投入约占国内生产总值（GDP）的 2%～4%，且呈现出不断增加的趋势。环保产业主要是以适应本国环境保护需要而发展起来的，因此一个国家的社会经济发展水平对环保产业发展的规模、速度以及技术水平等都有着重要影响。社会经济发展水平越高，国家对环境保护的投入也越高，环保市场的需求和潜力也越大，环保产业也就越发达。

（2）公众环境意识

人们对环境质量提出了更高的要求，从而形成了强大的社会压力。这将促使政府提高环境标准，完善环境法规和政策，促使企业承担更大的环境责任，形成对环保产品和服务的巨大、持续的市场需求，环保市场从而得以形成并发展。

（3）环境贸易需求

随着公众环保意识的增强和对环保质量要求的提高，全球环保产品和服务市场迅速成长，形成了巨大的市场需求，环境贸易在国际贸易中所占份额也日趋增大。环保产品和环境服务在国际贸易中蕴藏的巨大经济潜力，使得环境贸易成为扩大环保产业需求的强劲动力。

4. 市场供给动力

产业发展最终要通过企业完成，有众多的企业进入环保产业领域是促进环保产业发展的重要条件。环保产业发展是环保产业市场化的基础，在没有产业发展的情况下市场化就变成空谈。当市场中存在充足的市场供给时，会出现供大于求的形势，企业要获得市场，就需要进行技术、管理等的创新，获得成本领先和技术优势，在这样的进程中，环保产业市场化逐渐形成。

5. 市场竞争机制

环保市场的竞争机制是环保产业市场化发展的伴随动力。环保产品的供、需各方在环保产品的生产、开发、经营交易和消费的过程中，都会为争取有利的市场地位而进行竞争。完善的市场竞争机制引导环保市场优胜劣汰，提高资源效率，实现产业发展的规模效益和资源的优化配置。环保企业只有在这样的机制当中才能依照市场规律发展，实现环保产业的市场化。

6. 市场价格机制

市场机制通过价格机制发挥作用，环保产业生产要素的商品化，环保企业追逐利润最大化都离不开价格机制的作用。完善的价格机制可以迅速将市场信息传递给供求双方，满足市场需求，节约资源，提高效率。因此，建立完善的价格机制是环保产业市场化的重要因素之一。

7. 环保投融资

产业的发展需要持续、强劲的资金支持。环保产业规模的扩张，技术的创新与发展等都需要大量资金的投入。没有资金的保障，环保产业的发展将举步维艰。多元化、社会化的环保投融资体制，环保投资主体、投资方式及资金形式的多元化，环保资本与投资市场的建立和发展，可以最大限度地实现环保技术与资本的结合，促进环境保护资本与投资市场的形成，从而推进环保产业走上市场化发展的道路。

环保产业市场化发展外部驱动的 7 个要素，可以概括为政策、市场和资本三个方面，构成驱动环保产业发展的"三驾马车"，其协同配合、共同作用，成为环保产业市场化发展的保障。

第三节　环保产业市场化发展的现状

一、国内外环保产业市场发展的比较分析

（一）国外环保产业市场发展特征

通过对国外环保产业的考察和追踪，环保产业之所以在工业化发达国家获得迅速发展，主要源于以下几个主要共同特征。

1. 由高涨的公众环境意识带动

以美国为例，美国公众环保意识的高涨，促使政府通过环境立法来推动环境

保护，同时将环保产业推向经济舞台。

2. 政府环境标准、法规、政策的极大推动

许多环保产业发展较快的国家均走过了一条以法治理环境的道路。比如，美国的《国家环境政策法》《清洁空气法》，德国的《循环经济法》等，使环保产业在政府环境标准、法规和政策的驱动下迅猛发展，并以国民生产总值2～3倍的速度增长。

3. 采用经济手段，引进市场调控机制

发达国家把企业作为污染治理和环境保护的主体，通过宏观政策调控，执行环境保护市场化的战略方针。以日本为例，其采用以企业为主、政府扶持为辅的方式，动员社会各方面力量全面治理公害。采取的经济手段包括征税、收费、补贴、排污权交易等。

4. 技术进步与创新是产业的生命线

环保产业作为高技术产业，对技术有极强的依赖性。技术进步与创新为环境治理提供专业化物质技术保证。

5. 显著的公益效应和经济效益的双重特征

世界环保市场出现迅速发展的势头，发达国家和地区在技术水平和市场份额上占有绝对的优势。2016年全球环保产业市场规模达8 225.14亿英镑，反映出环保产业市场充满极大的商机。采用经济手段，走市场化道路，是环保产业发展的必然选择。

6. 国际环境公约履约和绿色贸易拓展了环保产业的发展空间

保护臭氧层（ODS）、持久性有机物（POPs）等全球公约的履约，以及绿色贸易壁垒的应对等以鲜明的时代性日益成为环保产业国际贸易的重要内容，这就无形中促进了环保产业的市场化发展。

7. 国民经济发展水平制约着环保产业的发展

这主要体现在对于环保投入方面。纵观发达国家环保产业的发展历史，可以看到，社会经济水平高，国家对环境保护的投入就大，环境市场的需求和潜力就大，环保产业就越发达。

8. 环保产业发展初期，政策、法规成为环保产业发展的瓶颈

这主要由环保产业的公共物品属性所致。即使可以通过一定的经济手段来解决，但首先要由政府来界定和保护环境产权，以确保交易的正常进行。

（二）我国环保产业市场发育特征

第一，从发展阶段看，我国环保产业还处于快速发展期。目前，美国、西欧和日本等发达国家的环保产业市场增长率低于10%，表明这些国家或地区的环保产业已经进入成熟发展阶段，市场需求逐渐趋于平衡，新的市场增长开始转向绿色产业和国际市场。而中国环保产业市场的发育情况与东南亚、南美等相似，近15年的增长率为15%～20%，是发达国家增长率的2～3倍。

第二，从我国环保产业市场的纵向发展看，传统市场已由供需基本平衡发展为供给大于需求的状态。20世纪90年代以前，环保产业市场供需基本平衡；20世纪90年代后期开始，产业发展速度加快，环保产业市场各传统市场不同程度地出现了供大于求的现象。特别是随着近期一些重点领域环保力度的加大，环保产业局部领域出现了急剧过热发展，供给严重过剩的领域，如脱硫、脱硝领域。

第三，从我国环保产业在世界环保产业市场中的地位来看，我国环保产业整体还处于自给自足的状态，在世界环保产业市场中所占份额较低。虽近期提高较快，但仍明显低于工业发达国家。

第四，我国巨大的环保产业潜在市场昭示着环保产业的市场化发展。一方面，经济高速增长对资源和环境的巨大压力、水资源匮乏、城市化进程加快，以及我国粗放型工业结构在一定时期内不能得到根本性改观等因素，预示着环保产业巨大的市场需求；另一方面，绿色发展已成为中国经济社会发展的主流和方向。"十三五"规划提出了生态环境质量总体改善的奋斗目标，改革环境治理制度，实行最严格的环境保护制度，构建由政府、企业、社会共治的环境治理体系，这将为环保产业的发展带来容量更大、范畴更加广泛的需求空间。"十三五"期间，"大气十条""水十条""土十条"的实施，预计带来10多亿元的环保投入，将带动环保装备制造、产品开发、工程建设和各类环境服务业全面发展。

二、我国环保产业市场化发展的问题解析

我国环保产业经过多年的发展，历经萌芽期、发展期，20世纪末以来进入快速发展阶段，形成了一定的规模，为国家环境污染治理提供了有效的技术物质支撑。自市政公用行业市场化改革启动以来，以特许经营为核心的环保产业市场化改革在市政污水、垃圾处理、脱硫脱硝等领域逐步推进，实现了投资主体逐步从单一的财政投资向多元化的社会投资转变，运营主体逐步从以政府为主导的事业单位运营向以市场为主导的企业化运营转变，治理服务水平逐步从低效落后向高效优质转变，相应地也带动了环保产业的快速增长。同时，政府的角色也逐步从服务提供者向市场监管者转变。

但是与欧美等工业化发达地区环保产业市场化的进程比较，我国环保产业市场化还存在环保产业市场化培育缓慢，潜在市场与现实市场的差距较大等严重问题。与环保产业发展相关的产业政策、机制、投资、法制、观念意识及技术创新等动力因素与环保产业市场化发展并不协调。

（一）行业内部驱动问题

1.环保产业规模小，集中度低

从产业规模看，近年来，我国环保产业呈现快速发展态势，产业总体规模显

著扩大。但其在国民经济中所占比重仍较低，为污染治理提供直接支撑的环保产品和环境服务产值占 GDP 的比重低。

从产业集中度看，我国环保产业企业以中小企业为主，竞争比较分散。按照贝恩对市场结构的分类，我国环保产业属于典型的竞争性市场，产业整体集中度偏低。市场的过度分散制约了行业的技术进步及服务的集约化。相对于发达国家的龙头环保企业，我国环保行业缺乏真正的龙头企业。

2. 产业结构欠合理，产业发展模式亟待优化

一是从技术产品的结构看，我国环保产业的技术产品结构仍以满足常规污染物治理的传统技术装备为主。环保技术装备水平低，制造能力过剩，市场急需的关键技术储备不足，高端产品、关键部件和材料依然依靠进口。

二是从第二、第三产业的配比看，我国环保产品和环境服务发展不相匹配。长期以来，我国环保产业以环保装备制造和环境工程建设为主，环保企业绝大部分为环保设备公司或工程公司，专门从事环境咨询、设施运营、评估、检测、金融、信息等服务的企业少。环境服务业在环保产业中占比较低。近年来，随着国家大力推动服务业发展，在一系列利好政策的带动下，我国环境服务业发展较快，但与发达国家服务业仍相差甚远。

三是从产业链覆盖看，目前我国环保产业仍主要停留在污染的末端治理环节，与工业生产工艺过程未实现深度融合，尚不能满足绿色化、低碳化、资源能源的节约和高效利用等要求。

四是从产业发展的模式看，一方面，我国环保产业需要由以往的单一要素、单一环节的治理服务向覆盖产业链上下游及横向整合，提供一站式系统服务的综合服务模式升级；另一方面，适应环境管理将由环境污染物控制向环境质量改善的转型，环保产业需要向以环境治理效果为导向的服务模式转型，推进环保产业的社会化、专业化、市场化。

3. 环保技术创新度低，企业创新动力不足

一是以企业为主体、以需求为导向、产学研有机结合的技术创新体系建设进展迟缓，企业研发和技改资金投入能力不足，国家通过计划、财税、金融等政策激励和引导企业研发的支持力度不足。同时，知识产权保护不力，在一定程度上制约了国内企业的创新，也影响了国外技术转让。

二是自主创新结构不平衡，自主创新能力和总体水平与发达国家有较大差距，缺少战略层面对高技术产业发展的调研与规划；关键技术创新、高新技术创新、自主知识产权创新、引进技术、消化、吸收再创新不足；科研机构重实验室应用基础研究，轻产业化应用研究；工程技术企业重单元技术研发，轻技术集成与工程优化；重工艺与材料研究，轻关键设备与控制技术研发，科技成果市场认知率低。

三是自主创新所依赖的人才资源培育缓慢，高层次人才较少，国际高层次人才引进不够，青年人才梯队建设严重不足。

（二）外部驱动之政府层面驱动问题

1. 环境管理及环保产业管理的体制机制存在弊端，对环保产业的引导促进作用亟待加强。

一是尚未形成环保部门与各行业管理部门以及地方政府之间权利清晰、责任明确、分工负责、协调合作，共同发挥作用的环境保护管理体制和机制。在环境管理体制方面，《中华人民共和国环境保护法》第十条规定，国务院环境保护主管部门，对全国环境保护工作实施统一监督管理。县级以上地方人民政府环境保护主管部门，对本行政区域环境保护工作实施统一监督管理。县级以上人民政府有关部门和军队环境保护部门，依照有关法律的规定对资源保护和污染防治等环境保护工作实施监督管理。地方环保部门对辖区环保工作实行统一监督管理，相关部门对其部门的环境保护实施监督管理。然而在实际中，长期以来没有真正形成统一管理和部门分工负责的环境保护管理体制。绝大部分环境监督管理权都在环保部门，呈现环保部"孤军作战"的局面。行业管理部门和地方政府无法定的具体的分工负责的环境监督管理权和相应的具体责任，导致环保部门和各行业部门之间、中央政府和地方政府之间体制不顺、职责不清、责权分离，各自环境保护的法律权力责任不能有效行使和真正落实，没有真正形成环保部门与各行业管理部门以及地方政府之间权利清晰、责任明确、分工负责、协调合作、共同发挥作用的环境保护管理体制和机制。同时，各级政府对辖区环境质量负责的法定责任，缺乏监督制约机制和检查考核机制，没有真正落到实处。政府环境质量责任的不落实，就会导致环境法规政策难以真正实施，污染治理的具体行动难以落地。

二是"省级以下环保机构监测监察执法垂直管理"制度的落实面临一系列实际问题。党的十八届五中全会提出："实行省以下环保机构监测监察执法垂直管理制度。"习近平总书记指出："省以下环保机构监测监察执法垂直管理，主要指省级环保部门直接管理市（地）县的监测监察机构，承担其人员和工作经费，市（地）级环保局实行以省级环保厅（局）为主的双重管理体制，县级环保局不再单设而是作为市（地）级环保局的派出机构。"这是环境管理体制的重大创新，旨在遏制环境管理中的地方保护主义，增强环境监测监察执法的独立性、公正性，解决环境监管失之于宽、失之于软的状况，提高环境监管的有效性。实行省以下垂直管理，需要解决好三大问题。

第一，地方环保责任的落实问题。实行垂直管理后，市、县（市、区）环境监察支队、大队将不再是同级环保部门委托的环境监管执法机构。县级环保局成为市级环保局的派出机构后，也不再是县级人民政府的环境保护主管部门。如何保证市、县（市、区）人民政府对本行政区域的环境质量负责，保证县级以上地方环境保护主管部门对本行政区域环境保护工作实施统一监督管理的法律规定落到实处，是关系到实行省以下环保机构监察执法垂直管理制度成败的核心问题。

第二，地方环保监测监察执法机构与同级环保部门日常工作衔接问题。实行省以下环保机构监察执法垂直管理制度后，市、县（市、区）环境监察支队、大队与同级环保部门的关系由一家人变成了"友邻单位"，在工作衔接上，需考虑两者间的运行关系、具体职能界定等问题。

第三，组织人事与保障衔接问题。环保机构编制员额少是一个普遍性问题，实行监测监察机构垂直管理后，这两个机构与环保局机关不再是"一家人"，其在环保局机关工作的人员势必要归位，需要重新考虑环保局机关如何正常运行。

在环保产业管理方面，一是存在多头管理、职责划分不清、缺乏部门间协调机制的问题。环保产业涉及环保以及综合经济、工信、科技、建设、财政、金融、税收、商务、质量监督、农林、水利等多个部门。长期以来，在实际中常常出现要么谁都不管，要么谁都来管，谁想管谁就管，各自为战，政策措施不配套，甚至发生冲突，从而导致管理分散，政策实施难以形成合力的局面。二是过度依赖政府对环保产业实施行业管制的作用，没有充分调动和发挥社会力量对环保产业的服务、监督及促进作用。且管理手段单一，重行政、轻市场；管理措施重限制、轻激励；管理环节重事前审批、轻事后监管等问题十分突出。

2. 环保执法监管力度不足，影响了环保潜在市场向现实市场的转化

我国已经建立了一套较为完整的环境法律、法规和标准体系，但是执法监督乏力的问题仍然是环境保护一个十分薄弱的环节。其原因，一是长期以来环境保护与经济发展之间的矛盾没有得到很好的解决，地方政府对环保工作的重视往往停留在口头上，环保部门执法监督存在地方保护等障碍。二是监管体系制度设计和监管能力不足问题。环境监管范围广，涉及国民经济各行业及各部门，由环保部门一肩承担，存在部门、行业、地区衔接联动问题。同时，环保监察机构能力有限，全国大约6万多名环境监察人员，要负责上百万家工业企业的现场检查，人手严重不足。实行省以下环保机构监测监察执法垂直管理后，省级环保机构力量薄弱，环境监管执法人员不足的问题将更加突出。三是对环境法律、法规的执行缺少相应的配套和保障措施，处罚力度弱、责任不明和未建立地方政府责任追究制度，都导致执法监督难以取得理想的执法效果。

3. 利于环保产业发展的政策措施不完善，制约了环保市场的健康发展

一是政策体系不完备。至今未能针对环保产业属性、行业特点、发展机制，

形成一整套鼓励、促进环保产业发展的政策措施。二是环保产业相关经济政策不健全，基于最终环境效益的激励治理污染和保护生态的环境经济政策不够完备，着力于为提升环保产业供给能力的鼓励政策没有得到应有的重视。在环保产业市场化、产业化的初期，在投融资、信贷、税费、科技、服务等方面，制定一套支持环保产业发展的优惠政策已成为当务之急。

（三）外部驱动之市场层面驱动问题

1. 环保产业市场秩序混乱，缺乏有效监管

一是环保市场不正当竞争现象十分严重，主要表现在招投标不规范、商业贿赂、商业欺诈，同行业恶性竞争、竞相超低压价等不正当竞争现象。地方保护和行业垄断仍然存在。二是环保市场监督管理长期缺位，缺乏专门的监管制度设计。因历史原因形成的监管权配置分散、监管者缺乏专业性现象依然存在，行使环保监督执法权的环保部门又无权进行市场监管。同时，行业自律能力十分薄弱，企业诚信意识缺乏。

2. 环保投融资机制仍未健全，融资难成为制约环保企业发展的瓶颈

我国多元化的环保投融资格局已逐步形成，环保投资力度逐年加大。但在环境污染总体尚未被遏制的形势下，环境污染治理设施建设相对滞后，历史遗留的环境欠账较多，新型环境问题不断凸显，环境保护的资金需求依然较大。党的十八届三中全会《中共中央关于全面深化改革若干重大问题的决定》（以下简称《决定》）提出了建立吸引社会资本投入生态环境保护的市场化机制。近期，国家及有关部门制定出台了一系列政策措施，引导和鼓励社会资本投向公共产品和服务领域。政府和社会资本合作模式（简称PPP）已成为提高公共产品和服务供给质量与效率的重要途径，一大批环保领域的PPP项目在逐步落地。然而，总体而言，目前环保投融资尚存在总量不足、效率不高等问题。政府投资规模尽管增加较多，但缺乏稳定的渠道，引导性需进一步加强。社会资本投入规模和占比均不高，社会资本投入生态环境保护的积极性需进一步提高。

另外，环保企业融资难的问题依然存在。当前，环保企业的融资方式在探索中逐步向多元化发展，但总体来看，融资渠道仍以传统的商业银行贷款为主。而商业银行贷款具有间接融资利率高、周期短，难以适应环境项目收益低、周期长的特点。融资渠道不畅、各级政府财力有限，企业债券和股市融资的门槛过高，民间资本参与环保投资市场的方式和途径仍在摸索中，环保企业资金投入严重不足，难以满足持续发展的需要。

3. 环保产业市场化发展机制未建立健全，市场化手段不足或作用未发挥到位

我国市场经济仍处于发展阶段。在计划经济制度下我国的环境政策一直比较注重政府的作用，各种政策措施及管理制度大部分由政府直接操作，通过行政行

为实施。因而，政府担当了过多的责任和义务，形成了政府、市场、企业的环保事权不清、责任不清、过多依赖政府的环境保护机制。在环保产业领域，市场对资源配置的地位和作用受到牵制，市场化手段缺乏。近年来，随着国家经济体制改革的不断深化，市场机制逐步建立和完善，环保产业的市场化探索也在逐步推进。目前我国环保产业仍以政府主导为主，市场途径和经济手段的运用才刚刚起步。收费、价格、税收优惠等工具的作用还未完全发挥或发挥不到位，已有的一些扶持环保企业的优惠政策不能真正地落实，收费价格不能体现污染治理的全部成本，第三方治理项目对业主及治理单位重复征税问题，甚至个别扶持政策还存在一些偏差等。

4. 促进环境公共服务供给的多元化发展格局未形成，政府—行业—企业的服务支撑体系亟待建立和完善

党的十八届三中全会指出："全面深化改革的总目标是完善和发展中国特色社会主义制度，推进国家治理体系和治理能力现代化。"这标志着我国在深化改革的过程中将现代化国家治理体系的建立放在了战略性、全局性的高度，也预示了国家治理模式的重大转变。这就要求多方面共同发挥作用，政府的作用、市场的作用、社会组织的作用都要到位。长期以来，环保部门既当"裁判员"又当"运动员"，职责边界不清，一方包揽，效率低下。加快政府职能转变，简政放权取得了积极成效。政府逐渐从微观事务的管理转向宏观层面，微观事务充分发挥市场和行业的作用。环评机构脱钩、环境监测服务社会化的改革已初见成效，但在项目管理、技术评价、行业统计、信息服务、绩效评估、环境审计等方面还未建立起完善的社会化服务体系。同时，社会力量，特别是行业组织的作用未充分发挥。一方面，行业组织的法律地位及应赋予的责权尚未明确；另一方面，行业协会自身的能力有待提高，在行业自律、行业协调、信息服务、政策调研、市场监管等方面的作用有待进一步加强。

第五章　环保产业投资价值分析

环保产业的生产者由环保设备的生产企业、环保技术及服务的研发和供给单位构成，是环保产业的主体部分。所谓促进环保产业的发展，更大的程度上是指促进生产企业上规模、上档次，增强研究与开发的能力，为消费者提供更满意的环保设备、环保技术和服务，提高环保产品和技术的国际竞争力。环保产业的消费者则是指购买和使用环保设备和技术的部门，一般包括工业企业、环保职能部门和环保服务部门。工业企业仍然是环保产品的主要用户。环保职能部门主要是指政府有关部门运用环保检测仪器检测环境状况，以便实施宏观管理。环保服务部门主要指的是不由工业企业承担或无法承担的污染物处理部门，如城市垃圾清运和垃圾处理厂、城市污水处理厂等。最优的环保投资为能维持可持续发展所需的环境质量基础以及投资效率和效益最大化的投资，它必须有效地满足环保投资需求。

第一节　环保产业规模分析

在环境保护已成为工业发达国家与发展中国家共同关心和着力解决的课题的今天，世界环保产业发展备受瞩目，并已初具规模。环保行业在发达国家得到了高度重视和飞速发展，在一些国家环保产业已经成为国家的支柱产业。在美国，环保产业产值年平均增长 20%，比其他产业快一倍，现已成为美国产业中创汇最多的产业之一；在德国，环保产业已成为仅次于汽车行业的重要经济支柱；在日本，环保产业也发展成为其经济中第一大行业。美国的脱硫、脱氮技术，德国的水污染处理技术，日本的除尘脱硫、垃圾处理技术，都在世界上遥遥领先。现在，经济合作与发展组织（OECD）国家不仅占据世界环境市场 90% 以上的份额，而且握有 90% 的世界环境专利。这些国家环保产业的就业人数逐年增多，而且职工素质，包括专业人员、熟练工人及其受教育水平，均高于经济部门的一般水平。

一个产业的萌芽、发展乃至崛起，市场需求是影响其发展的重要因素。经济发展与产业结构演进的历史与现实表明，某一产业要获得快速增长，必须把握需求结构的变动。我国环保产业的发展也将取决于自身市场空间的大小。我国的环保产业最初起源于1973年第一次全国环境保护工作会议，经历了80年代起步阶段，90年代初步发展阶段，特别是1996年环保产业被正式列入国家计划以后，我国环保产业进入了快速发展时期。经过多年的发展，已形成包括环境产品、洁净产品、环境服务、资源循环利用、自然生态保护等领域的环境产业体系，门类基本齐全，总体上已具有相当经济规模，为我国环境事业的发展提供了重要的物质和技术保障。

报告显示，"十二五"期间，我国节能环保产业以15%至20%的速度增长，可再生能源领域的投资已达677亿美元，居全球之首。国外发达的工业化国家，如美国、日本等国家的环保产业市场年增长率均低于10%，表明这些国家和地区的环保产业已进入成熟发展阶段，其国内市场需求已逐渐趋于平衡，新的市场增长点转向绿色产业及国际市场。中国环保产业的高增长速度则表明中国环保产业仍处于快速发展阶段，市场发展尚未成熟。同时，全球环境市场存在高度集中和垄断现象，由此可以看出我国环境企业在市场竞争能力方面与世界环保大企业之间的巨大差距。各国不同程度地要进口环保设备，其进口依存度与该国家发展的程度或环境产业发达程度呈负相关，即工业发达国家进口比例较少，而发展中国家进口比例较高。

21世纪初期，我国国民经济在提高质量、优化结构、增进效益的基础上，国内生产总值高速持续增长，人口自然增长率维持在1%左右，以每年1200万~1300万人的幅度增加。经济的高速增长，人口的持续增加，给资源和环境带来更大的压力。在国民经济高速发展过程中，国民经济发展水平与环境保护的关系将会变得更加尖锐、复杂，新的问题将会不断出现。节约资源、循环利用资源、治理各种污染所凭借的物质技术基础，即环保产业，具有巨大的市场发展潜力，需要进一步加大投资力度。

第二节 环保产业市场结构分析

从中长期看，中国经济已经进入新一轮经济增长周期。这一轮的高增长，虽然有一定人为推动因素，如各级政府的政绩工程和民营企业为了追求利润而导致的重复建设，但是这并不是主要的，起决定作用的还是三大新的客观经济需求的拉动。一是随着人们收入水平的提高，居民吃穿用的消费达到一定水平之后，消费的重点必然向"住"和"行"方面倾斜，这会带来住宅建设和汽车产业的高速发展；二是随着我国加入世界贸易组织（WTO）和经济全方位开放的范围扩大，外资大举进入，中国作为世界工厂开始形成，随之而来的各种制造业和出口规模不断扩大；三是随着城乡结构调整和城市化进程加快，所带来的交通、通信和城市公用事业大量增加，以及由此必然带动钢铁和煤、电、油、运等相关产业链的发展。这些产业至今都处在方兴未艾的阶段，客观上进一步发展余地还很大。以上这些产业与环保产业有极密切的关系，如汽车产业的发展会推动机动车尾气控制产业的发展，交通事业的增加需要噪声与振动控制产业产品的增加等。新一轮经济增长周期，同时也是环保产业的发展时期。

市场结构和市场类型的核心内容是竞争和垄断的关系问题。我国环保产业市场是较为典型的垄断竞争市场。环保产业的同一类商品在用途、性能、质量与包装设计，乃至牌号上存在着或多或少的区别，产品之间的交叉弹性和产品的需求价格弹性相当大。市场上有众多的企业，没有一个企业能占有比其他企业明显得多的市场份额，产业集中度偏低，规模经济与专业化协作水平不高，企业规模经济不明显。以下将从环保产业的市场集中度、生命周期、产品差别化、市场进退障碍、市场供求、获利能力、外部因素和竞争情况八个方面分析各类环保行业的投资份值。

一、市场集中度

一些研究产业组织的学者通过对日本、英国、法国和德国的统计资料的分析认为，市场的生产集中（卖方集中）和产业的利润率之间有明显的相关性。日本著名产业经济学家植草益认为这种关系是一种二次型曲线，因此猜想可以找到能获得最佳利润率的卖方集中度，他认为取得最佳利润率的卖方集中度是40%左右，并提醒人们在通过企业合并提高市场集中度时也要注意不要超过它的关键点。与集中度较低的市场结构相比，较高的集中度代表了厂商可以获取高于一般利润率的那些市场结构。

对于新兴的环保产业而言，在环境问题日益突出的今天，要使我国环保产业的发展尽快满足社会经济发展的需要，就要强调追求规模经济效益、提高市场集中度。我国环保产业的市场集中度还没有达到最佳的水平，这就是说，尽管我国环保产业的平均利润率水平较高，但仍然没有实现与最佳市场集中度相匹配的利润率水平。在整个环保产业中，没有一家（甚至几家）企业占有显著的市场份额，也没有一家（甚至几家）企业能对整个产业的结构有重大影响。环保企业主要是中小型企业，而且在中小规模企业中，乡镇企业所占比重较大，导致产业的市场集中度低，难以形成规模效益。低市场集中度的产业是一个混乱无序的市场，极易造成资源在市场配置中浪费。因此，我国环保产业完全可以通过提高市场集中度以获取更高的产业利润率。

但是，提高市场集中度必须把握一些关键问题。只有当产品市场从供不应求转向供过于求，行业总量规模扩张趋于稳定后，产业的市场集中度才可能稳定上升。目前，我国环保产业的产品供给处于结构性相对过剩状态，但是由于存在潜在的巨大市场，产业总量规模扩张是完全有可能实现的，这就是说在产业总量扩张过程中，市场集中度的提高不能一蹴而就，而应该稳步前进、逐步提高市场集中度。

由于企业扩大规模的动力不足，在环保产业现实市场有限的条件下，企业追求利润最大化的拉力不强；而较低的技术水平，客观上约束了规模经济的实现；此外，政府制定的有关环保产业的产业组织政策法规推力不够，影响了环保产业的规模扩张，直接造成了我国环保产业较低的市场集中度水平。

二、生命周期分析

环保产业生命周期是指环保产业产生、形成和发展的过程所形成的阶段，包括幼小成长期、发展期、成熟期和衰退期四个阶段。环保产业各个生命周期对应着环保产业的不同内涵和不同阶段的发展特点。从发达国家环保产业的发展历程来看，结合经济学家对环保产业所做的环保产业发展走向预测，环保产业生命周期及其内涵可以分为四个时期和三个主导内涵（包括以"末端治理"为主要特征的环保产业内涵，以"清洁生产"为主要特征的环保产业内涵，及以"生命周期全过程管理"为主的环保产业内涵）的环保产业生命周期基本体系。环保产业的生命周期过程中，幼小成长期以末端治理为主，环境功能与使用功能相同，完全依赖政府；发展期以末端治理为主，有重点地发展清洁生产，环境功能与使用功能部分重叠，主要依靠政府，其次依靠大规模的企业；成熟期以清洁生产为主，部分向生命周期管理过渡，环境功能与使用功能多数背离，主要依靠企业和社会力量；衰退期以生命全过程管理为主，环境功能完全融入生产过程，依靠社会力量。当前，发达国家的环保产业已经将主要内涵集中在新回收利用技术、新材料技术、生物技术、处理污染、节约能源和废物利用等为主的环保产业发展成熟期阶段。我国从 20 世纪 80 年代开始重视对工矿企业废物的综合利用，从末端治理思想出发，通过回收利用达到节约资源、治理污染的目的，进入 20 世纪 90 年代则提出了源头治理的思想。从 1994 年开始，我国实施了环境标志制度，环保产业由末端治理为主进入了末端治理和洁净技术、洁净产品共同发展的新时期。处于发展期的产业的显著特征是，市场需求不断扩大，有大批企业可能转产加入该行业，同时，大批投资者可能涌入该产业，从而使该产业的规模迅速膨胀，环保产业企业在量上呈加速增长趋势，而且该产业的增长速度大大超过整个产业的平均速度，在国民经济中的比重趋于上升。目前，国民经济成长中环保产业比重趋于上升的态势正是环保产业处于产业生命周期发展期的具体体现。从各类环保行业来看，传统工业污染治理市场趋于饱和，城市污水、垃圾处理、烟气脱硫等新的市场增长点已经形成；洁净技术产品、环境服务业还处于起步阶段，将有很大的发展空间。

三、产品差别化

我国地域辽阔，地理环境条件差异大，要解决的环境问题也千差万别，客观上要求环保产品及服务的多样化。虽然我国环保企业较多，但是环保产品的性质、结构、功能等方面的差别不大，环保产业主要集中在环保产品生产和"三废"综合利用领域，而环保技术开发、资源利用、环保咨询、工程承包、自然保护等方面则比较薄弱。在环保产品生产和三废综合利用领域存在的一个问题是初级产品生产重复现象较为严重，体现高新技术的环保产品差别化现象并不明显。因此，环保产业要加快发展，必须将高新技术转化到产品上来，这就要求环保产业的产品要体现一定的产品差别化。我国环保产业正处于产业发展周期的初级阶段，在产业发展的起始阶段，产业的发展依赖于企业规模的扩张，而建立在高新技术基础上的产品差别化有利于企业规模的扩张和企业效益的提高。显然，环保产品间的差异性越强，企业生产者越可能提高产品价格，以获得更多的利润积累，从而为企业规模的扩张和产业的发展奠定基础。当环保产业的发展进入成熟阶段后，产业的发展趋于稳定，产业的进入退出壁垒较低时，产品差别化现象将不再是企业规模扩张的一种手段，而是更多地类似于产品间的市场竞争，企业利润趋于平均，环保产业企业将实现稳定的发展。

我国环保产品的性质、结构、功能等方面的差别不大，环保产业主要集中在环保产品生产和"三废"综合利用领域，而环保技术开发、资源利用、环保咨询、工程承包、自然保护等方面则比较薄弱。而且，我国环保产品的开发、生产、使用等各个环节往往相互脱节，使得环保产品的标准化、系列化、配套化水平低，不能满足不同层次、不同地区的需要，甚至很多环保产品在实际使用中无法发挥应有的作用，造成大量财力、物力的浪费，许多环保产品不得不依赖进口。

环保产业不同于传统产业，它需要较高的技术水平，也就是说，环保产业的进入壁垒应该是比较高的；而另一方面，环保产业的退出壁垒较高，许多亏损的企业在苦苦挣扎，不能从行业内顺利退出。

四、市场进退障碍

环保产业进入的天然障碍较大，这是由环保产业具有较高的技术水平及环保产品和服务的公共性特征所决定的。一般而言，产业利润超过产业平均利润越大，说明进入壁垒越高。另一方面，环保产业退出的障碍也较大，因为环境的治理不可能由于某个企业的退出而停止。

经过多年的发展，我国环保产业的各种进入壁垒及其影响程度发生了较大变化。政府产业管制的放松，使环保产业进入的政策壁垒减轻。此外，由于交通运输条件和经济技术条件的变化，产业发展对自然资源的依赖性相对减弱，因而环保产业进入的资源性壁垒也相对弱化。但是，环保产业作为高新技术产业，其结构调整和技术升级的压力，要求潜在进入者在更高的技术层面，以更大的投资规模进入产业，这就体现了环保产业的技术性壁垒仍然很高。此外，由于市场竞争力度的加大，环保产业内原有的市场占领者会充分利用品牌、技术、产品差别化以及广告、降价促销等策略，利用企业的规模经济优势，对市场进入者进行大力抵制。相比之下，环保产业退出的经济障碍和制度障碍，仍然广泛存在。这是由于改革的许多环节尚待深化，支持结构调整的财力有限，企业面临的债务清偿、劳动就业安置以及企业资产处置和有效利用方面的问题，短时间内仍然难以解决，企业无法承担破产重组的巨大成本，因而无法实现产业退出。

总的来说，由于我国环保产业的行业特性，产业的进入退出壁垒较高，显然这对我国环保产业的进一步发展和实现规模经济是不利的。这就要求利用法律、政策和经济的手段来降低进入退出壁垒的高度。我国政府应当根据不同地区不同情况确定恰当的产业进入退出的高度，尤其是要结合环保产业规模经济的实现、市场集中度的提高等措施来合理确定环保产业进退障碍的高度。

五、市场供求

环保产业市场需求总量迅速增长，需求领域不断扩展，需求水平显著提高，在今后仍将保持较高的增长速度。我国环保产业供给和需求状况的分析表明，在环保产品、"三废"综合利用等初级环保产品领域已经出现相对过剩的局面，即产大于销现象的存在，但是在环保技术服务、自然生态保护、低公害产品等领域的生产供给则远远不能满足市场需求。如果我们不顾环保产品市场的这种现实，仍然以大力发展环保产品的开发和生产作为推进环保产业发展的重点，则不但不会对改善环境质量和发展环保产业产生多大作用，还可能造成环保产品更多的过剩和社会资源的闲置和浪费。当前发展环保产业，重点要发展环保服务市场。环保服务企业的产生及发展可以说是环保产业成熟的标志。首先，并不是每一个排污企业都有条件、有能力安装废物处理设备，污染防治的专门化、社会化将使这些排污企业从沉重的治污负担中解脱出来，专心从事其生产活动。其次，专门化、社会化的污染防治将形成规模效应，相对于每个排污企业都设置污染处置设施来说，其将显著减少处理成本并提高处理效果。最后，环保服务企业将带动环保产业链上其他部门的发展，而其他部门的发展又反过来促进环保服务企业的发展，从而形成以环保服务企业为中心的企业群体，真正实现环保产业化。我国环保潜在需求市场很大，只有建立以社会资金为主的环保资本市场，才能将巨大的环保潜在需求市场转变成现实市场，带动环保服务市场的发展，从而为环保产品提供巨大的需求市场。产品、服务、资本三者结合，再加上企业作为环保市场主体发挥作用，环保产业才能真正健康快速正常地发展。显然，只注重产品因素，而忽视服务和资本因素，环保产业的发展是很困难的。产业的生产能力扩大与市场需求增长相适应，是衡量市场绩效的一个重要标准。只有在实现了扩大的生产能力与增长的市场需求相适应的情况下，我国环保产业的市场绩效才能得到进一步的改善。

六、获利能力

由于市场结构和企业行为的变化必然引起生产者利润的变化，因此，可以用环保产业的利润率水平作为衡量市场绩效的指标。我国环保产业的产业平均利润率在 10% 左右，应该说环保产业有着较高的产业利润。但是，环保产业各个领域的发展极不平衡，环保设备、洁净产品、循环利用产品三个领域利润水平基本持平，环境服务和自然生态保护的利润明显下降。

环保产业的利润率仍然可以通过有效的措施和步骤得以提高，但是，短期来看，高利润或高价格—成本差表明环保产业的市场绩效较低，因为消费者支付了较高的价格；而长期来看，环保产业实现高产业利润的现象并不会持续存在，最终它将和其他产业一样趋于产业利润平均化，这就实现了环保产业稳定的发展以及合理的产业利润率。

七、外部因素

（一）技术因素

环保产业是一个技术密集型产业，它不但门类多、范围广，涉及从环境监测技术到污染防治技术，从综合利用技术到生态工程技术；而且层次多、差别大，既包括一般的"三废"治理技术，又包括微电子技术、生物工程等高新技术。真正具有生命力的环保产业必须依靠先进的科学技术，要及时应用高新技术改造落后企业，增加技术含量，才能使环保产业不断涌现出新的好产品，实现产业的升级；要实施科技的跳跃式发展战略，把科技进步与结构调整结合起来，积极推进组织体系创新、制度创新和技术创新，带动环保产业结构优化和升级。根据我国环保产业企业发展现状以及企业技术创新开发的现实情况，我国的环保企业适合采取混合的技术发展路线，即在目前大多数环保企业为中小型企业的背景下，宜采取"小而专"的技术发展路线，在企业规模扩大，出现较大的环保大型企业后，宜采取"大而全"的技术发展路线。由于环保企业所属产业的特殊性，其所提供的产品有很大部分是环境服务、环保咨询培训等无形产品，这部分产品的技术先进性相对较弱。

（二）政府政策和法规对行业的影响

由于环境质量是公共产品，市场机制很难发挥应有的作用以保护生态环境，因此，维护和改善生态环境，限制滥用和破坏生态环境（向环境排污），是各级政府的一项重要的社会经济管理工作。正因为如此，与其他社会经济部门的需求主要来自个人和自发的市场不同，环保产业的需求主要来自社会公众，因此在相当大的程度上需要政府的政策驱动和财政投入。即使是企业自己对环保产业提出的需求，其强弱大小也主要受政府的法规和政策所左右。环保产业是典型的法规和政策引导型产业。我国环境保护基本法《中华人民共和国环境保护法》从总体上规定了若干有利于保护产业发展的法律原则和制度，如环境保护同经济建设、社会发展相协调原则、奖励综合利用原则、"三同时"制度、环境影响评价制度、征收排污费制度、环境标准制度。在环境保护单行法和其他部门法中，对不同环境因子的保护进一步或更全面地规定了涉及环保产业的内容。比如，《中华人民共和国大气污染防治法》规定了淘汰落后生产工艺和设备制度，该法第15条要求企业优先采用能源利用率高、污染物排放量少的清洁生产工艺；《中华人民共和国水污染防治法》提出了结合企业技术改造防治水污染、排污与超标排污"双收费"、重点污染物排放总量控制、集中处理城市污水、淘汰落后生产工艺和设备等制度。2003年1月起施行的《中华人民共和国清洁生产促进法》，它是世界上第一部以推行清洁生产为目的的法律。根据清洁生产法的要求，今后我国环保产业的发展重点是：节省能源、替代能源、清洁能源的技术和设备；节省原材料（包括水）消耗，替代有毒有害原材料技术和设备；物料流失、泄漏少，污染物产生量、排放量少的技术和设备；原材料、副产品、废物回收与综合利用（包括循环利用）的技术与装备；开发清洁生产信息系统与清洁生产技术咨询服务系统；高效率、低能耗、低费用、无二次污染的废水、废气、固体废弃物、噪声净化处理或控制设备。为了配合环境基本法和单行法，我国还制定了环保产业行政规章和环境标准，还出台了大量的相关文件和计划。国务院常务会议通过的《"十三五"生态环境保护规划》提纲挈领强化源头防控，大力实施大气、水、土壤污染防治行动计划，完善企业排放许可、排污权交易、环境损害赔偿等制度，适时开征环保税，全力打好补齐生态环境短板的攻坚战和持久战。同时，国务院印发的《"十三五"控制温室气体排放工作方案》以低碳发展为核心，优化能源结构，通过碳配额核发，借助金融市场进行交易，发挥环境资源的稀缺性和价格杠杆的作用，引导企业以合理的成本节能减排。

（三）社会因素

随着消费者自我保护意识的加强、消费水平的提高、消费观念的改变以及对回归自然的渴望，产生了一种以"自然、和谐、健康"为宗旨的有益于人类健康和社会环境的一种消费形式——绿色消费。在绿色浪潮不断高涨的形势下，国际市场消费需求出现变化，绿色消费已经成为一种新的时尚。据有关资料统计，77%的美国人表示，企业的绿色形象会影响他们的购买欲，94%的意大利人表示在选购商品时会考虑绿色因素。在欧美市场上，40%的人更喜欢购买绿色商品，其中贴有绿色标志的商品在市场上更受青睐。在亚洲，日本消费者对普通的饮用水和空气都以"绿色"为其选择标准，罐装水和纯净的氧气成为市场上的抢手货；韩国的消费者，争先购买那些已几乎绝迹的菜籽，作为天然的洗发剂。这一消费模式的转变，使绿色产品成为市场的"靓仔"，绿色投资也成为金融业的新贵。

八、竞争情况

我国的环保产业起点较低，经济规模偏小，还未形成一批大型骨干企业或企业集团。目前大型环保企业只占全国环保企业总数的 2.8%（其中约 65% 为兼营），近 90% 都是小型企业。可见，我国环保产业的市场集中度偏低，难以形成规模经济。

我国环保产品结构不合理，发展不平衡。环保设备成套化、系列化、标准化、国产化水平低，低水平重复生产现象严重。目前，环保产业主要集中在环保机械产品的开发和生产以及"三废"综合利用方面，其他方面还比较薄弱，如环保设施的运营方面刚刚起步，可见其内部结构还不尽合理。此外，从环保产业地域分布上看也存在着不均衡性。中国环保产业目前主要集中在江苏、浙江、山东、广东、天津、上海等沿海经济比较发达的省市，在经济相对落后的中西部地区环保产业发展还要落后一些，个别地区刚刚起步，甚至空白。因此，在局部地区、个别领域里，环保产品的集中度较高，但从整个行业来看，市场集中度偏低。

从微观来看，反映企业产品在市场上竞争实力大小的指标是市场占有率，它是指某企业在某时期的销售量或销售额与市场上该产品在该时期的全部销售量或销售额之比。其计算公式为

$$市场占有率 = 本企业某产品某时期销售量（额）/$$
$$市场上同类产品该时期销售总量（额）\times 100\%$$

市场占有率指标反映了企业在市场竞争中的地位，是市场分析中一个非常重要的指标。一般来说，市场占有率有三个数量界限，即上限目标值、一般值、下

限目标值。企业的市场占有率如果达到上限目标值，企业就处于相对垄断的地位；下限目标值是市场占有率起码应达到的水平，如果企业的市场占有率在这个数值以下，哪怕是占有率居于第一位，其市场地位也是不稳定的。大多数企业的市场占有率通常在上、下限目标值之间。分析市场占有率的数量界限，应考虑到该行业的市场集中度，集中度高的行业中企业的市场占有率可能比较高，上述三个数值就应该高些；反过来，市场集中度比较低的行业，这三个数值就可以低些。尽管我国目前环保行业的市场集中度不高，但企业的市场占有率仍然偏低。可见，我国的环保行业一定程度上存在过度竞争的现象。

第三节　环保产业产品的供给、需求及服务

1996 年，一项由经济合作与发展组织（OECD）组织的研究，提出了环保产业应包括以下三部分内容。

其一，环保产品，包括废水处理设备、废物管理与再循环设备、大气污染控制设备、消除噪声设备、监测设施、科研与实验室设备、用于自然保护与提高城市环境舒适性的设施，以及药剂、材料等。

其二，环保服务，包括从事废水处理、废物处理、大气污染控制、消除噪声等方面的操作，提供有关分析、监测与保护方面的服务、技术与工程服务、环境研究与开发、环境培训与教育、核算与法律服务、咨询服务、生态旅游服务，以及其他环境事务服务等。

其三，洁净技术与洁净产品，包括洁净生产技术与设备、高效能源开发与节能的技术及设备、生态产品等。该研究还进一步将上述内容概括为八个领域，视其为环保产业的核心内容。它们是水及水污染物处理、废物管理与再循环、大气污染控制、消除噪声、事故处理或清理活动、环境评价与监测、环境服务、能源与城市环境舒适性。

环保产品生产市场在环保产业市场结构中位于主体地位。此外，环保服务产业也有不断发展的趋势。

一、水污染治理产业

2015 年，全国废水排放总量为 735.3 亿吨，其中工业废水排放量为 199.5 亿吨，城镇生活污水排放量为 535.2 亿吨。此外，区域性和流域性综合治理需要国家加大工业点源的治理和城市污水处理厂的投资力度，扩大投资和融资渠道，带动污水处理高科技的发展。因此，无论从发展水污染控制产业技术，还是从水污

染控制设备来看，我国水污染治理产业面临巨大市场需求。

然而面对如此巨大的市场，我国的水处理产品、技术水平还没能跟上。尽管我国水污染控制产业开创于 20 世纪 70 年代初，到现在已具备了一定规模，并有了一定的发展，但产品设备总体水平不高，设备、产品质量差，高科技含量普遍较低，同时面对量大面广的城市污水和工业废水，缺乏高效低耗的处理技术和成套设备，对日益污染的饮用水，也缺乏有效的净化技术和配套设施。水处理设备与工艺的集成性也较差，许多设备产品仍依赖国外进口。另外，膜技术、强氧化消毒设备、新型生物技术及处理单元设备的生产和应用还较为落后。

截至 2015 年，城镇污水处理厂有 6910 座，设计处理能力达到 1.9 亿吨 / 日，全年共处理污水 532.3 亿吨。城镇人口的迅速增加相应地增加了用水量和污水排放量，迫切需要我们加大对污水处理的投入。为筹措资金，国家将继续推进污水处理的机制和体制改革，更积极地打破垄断，开放市场，鼓励民营企业和外资企业参与污水处理设施的投资、建设和运营。同时为了建立污水处理设施建设和运营的良性循环机制，国家将加大力度建立污水处理收费机制，向污染者收取处理费用。目前已有超过一半的城市出台了这一政策。水污染处理市场在国家的大力扶持下将迎来新机遇。

二、大气污染防治产业

大气污染物按其存在状态可分为两大类，一种是气溶胶状态污染物，另一种是气体状态污染物。气溶胶状态污染物主要有粉尘、烟气液滴、雾、降尘、飘尘、悬浮物等。气体状态污染物主要有以二氧化硫为主的硫氧化合物、以二氧化氮为主的氮氧化合物、以二氧化碳为主的碳氧化合物以及由碳、氢结合的碳氢化合物。有害气体的大量排放，不仅使大气造成局部地区的污染，而且影响到全球性的气候变化以及大气成分的组成，表现在温室效应、酸雨、臭氧层遭到破坏等方面。

（一）燃煤锅炉脱硫技术装备产业

受资源构成和经济发展水平制约，以煤为主的能源结构在短期内不会有大的变化，由此造成中国大气污染的特征是以煤烟型为主，主要污染物是二氧化硫和烟尘。全球每年排入大气的 SO_2 约 1 亿吨，中国的 SO_2 排放量约占世界排放总量的 25%。2003 年，中国二氧化硫排放总量为 2 159 万吨，其中，工业二氧化硫排放量为 1 792 万吨；烟尘排放量为 1 048 万吨。2005 年，全国二氧化硫排放总量高达 2 549 万吨，居世界第一。2015 年全国废气中二氧化硫排放量为 1 859.1 万吨。其中，工业二氧化硫排放量为 1 556.7 万吨，城镇生活二氧化硫排放量为 296.9 万吨。由二氧化硫排放引起的酸雨范围不断扩大，已构成对国民健康和生态环境的严重危害。国家将加大力度治理、控制二氧化硫排放，加大投资金额，市场需求将会很大。同时，国家推出的"33211"工程，即三河（淮河、辽河、海河）、三湖（太湖、巢湖、滇池）的治理，两控区（酸雨控制区、二氧化硫控制区）的治理，北京市的环境治理，渤海湾的治理，并对 175 个地市进行规划，安排项目，进行投资，脱硫技术和设备的需求增多。

对于脱硫产业，自 1985 年以来，我国就研究开发了一些二氧化硫治理技术，主要有循环流化床燃烧脱硫技术、炉内喷钙尾部增湿活化脱硫技术、旋转喷雾干燥烟气脱硫技术以及湿式脱硫除尘技术等，这些技术有各自的优缺点和局限性，有些也得到了推广和应用。我国目前也正在开发适合我国国情的燃煤脱硫技术。然而，从总体上说，我国燃煤锅炉污染治理的技术性能还需要进一步提高，需要积极开发适合我国国情的、具有知识产权的脱硫技术，进而逐步形成具有研究、设计、制造、安装、调试和运行培训能力的综合产业，以满足环境保护目标日益提高的需要。

治理大气污染的根本途径之一是采取有效的脱硫措施，减少点、面排放源的 SO_2 排放量。针对我国的具体情况，开发切实可行的脱硫技术，卓有成效地控制燃煤烟气排放的 SO_2 量。由于国家环保政策的推动，电厂脱硫装机容量增长很快，2002 年是 600 万千瓦，2003 年是 1 400 万千瓦，2004 年电厂新增的脱硫装机达到 1 600 万千瓦。截至 2004 年底，全国约有 2 600 万千瓦装机的烟气脱硫设施投运或建成，约有 3 000 万千瓦装机的烟气脱硫设施正在建设。2006 年中国建成电厂脱硫能力 1.04 亿千瓦，超过了前 10 年电厂脱硫能力建设 4 600 多万千瓦的总和，首次实现了当年新增脱硫装机容量超过新增发电装机容量。截至 2016 年底，全国已投运火电厂烟气脱硫机组容量约 84 800 万千瓦，占全国火电机组容量的 80.5%，占全国煤电机组容量的 90.0%；已投运火电厂烟气脱硝机组容量约 86400 万千瓦，占全国火电机组容量的 82%，占全国煤电机组容量的 91.7%。

（二）机动车尾气控制产业

城市汽车排气污染近年来已成为大气污染的又一大公害。汽车尾气排放已造成了我国城市大气质量的严重恶化，特别是人口为百万以上的城市，汽车排放污染物已成为城市大气污染的主要来源。不仅如此，汽车所排放的碳氢化合物和氮氧化合物在太阳紫外光的照射下还会发生光化学反应，进而产生光化学烟雾。控制机动车尾气污染是势在必行的，对汽车尾气净化产品及技术的需求也是相当大的。根据国家已制定的汽车尾气排放标准，我国所有的新生产车和继续使用的在用车都将安装三效催化净化器，所以开发汽车机内净化及尾气净化的有效处理技术的前景将是十分广阔的。

近几年，我国汽车尾气净化产品技术有了很大发展，现在我国有规模不等的催化净化器生产企业、科研开发单位一百多家，已获得国家环保产品认定证书的有近 20 家企业，有 10 家以上企业已具备年产 8 万～10 万台催化净化器生产规模和能力，建立了具有一定规模的生产线，目前全国已开发生产大约十种汽车尾气催化净化器产品。然而，我国机动车尾气净化器产业也存在一定的问题，即还没有形成产业化规模，生产工艺落后，产品自动化、系列化水平不高。其中，存在的技术问题主要是催化转化器的蜂窝陶瓷载体所用材料热膨胀系数过大；载体孔壁太厚，抗震、耐温性能较差；稀土加贵金属复合式催化剂的三效催化性能、可靠性还有待于提高；催化剂配方单一，系列化水平低，不适应各种市场变化的要求；催化剂及载体生产工艺整体水平较低。这些导致机动车尾气净化产品技术不能满足市场需求口

固体废弃物主要为城市生活垃圾、危险废物、医疗废物、电子废物和一般工业废物。城市生活垃圾资源化近期发展目标：城市生活垃圾无害化处理率大于等于 60%，小城镇生活垃圾处理率大于等于 20%，生活垃圾回收利用率大于等于 20%，混合收集的城市生活垃圾含水率降低 10%。工业废渣主要有冶炼渣、化工渣、粉煤灰、煤矸石、尾矿等。每年产生的未利用的工业废渣资源价值已超过 250 亿元。我国经济长期以来一直是粗放和资源消耗型的发展模式，近年来，我国经济进入持续快速增长时期，城市化水平发展速度迅猛，生活消费也由传统模式向消费型转化，随之而来的是工业固体废弃物产生量和堆积量呈逐年增长趋势。2015 年全国一般工业固体废弃物产生量 32.7 亿吨，综合利用量 19.9 亿吨，储存量 5.8 亿吨，处置量 7.3 亿吨，倾倒丢弃量 55.8 万吨，全国一般工业固体废弃物综合利用率为 60.3%。作为可实现固体废弃物资源化、无害化、减量化和安定化处理的焚烧技术及设备的市场前景将很广阔。

危险废物分 47 大类共六百多种，种类多、成分复杂，具有毒性、腐蚀性、易燃易爆性，其污染具有潜在性和滞后性，是全球环境保护的重点和难点问题之一。我国建设和谐社会的前提就是要做好环保，因此危险废物的处置是重要任务。我国已从 2005 年开始全面推行危险废物处置收费制度，目的就是促进危险废物处置的良性循环。

当前，我国固体废弃物焚烧处理技术设备发展比较迅速，机械炉排焚烧炉、旋转窑焚烧炉、热解焚烧炉、流化床焚烧炉、液体喷射焚烧炉等均已有制造，且单炉处理能力小于 150t/h 的各种焚烧炉产品已具有相当水平，较国外焚烧炉更适宜处理水分和灰分含量高的我国垃圾。其中，处理能力在 50～500kg/h 的小型焚烧炉已接近国际先进水平，且性能价格优于国外同类型产品，并有部分产品进入国际市场，出口到东南亚等地。此外，目前国内使用的国外一些大型焚烧炉的主要部件，有的也是在国内生产的。但是总体来说，由于研究开发不足和市场等原因，使得产品技术仍与国外有很大差距，存在的主要不足为，产品整体水平不

高，生产规模小，品种不齐全。我国使用的性能较好的机械炉排，无自主知识产权，全为从国外引进的专利炉排，发展受到限制。而不受知识产权约束的链条炉排和一般往复炉排，虽然国内制造有较高水平，但用于处理城市生活垃圾的搅拌效果较差。国产机焚烧技术设备的烟气处理系统比国外简单，特别是在二噁英的控制技术和设备方面，与国外产品相比有较大差距。以上这些都不能满足市场需求，需要进一步发展。

三、噪声与振动控制产业

当前，我国城市环境噪声污染十分严重，已经严重干扰人们的正常生活环境。在影响城市环境的各种噪声来源中，交通噪声和生活噪声最为突出，分别约占噪声来源的 30% 和 47%，是干扰生活环境的主要噪声污染源。2016 年，全国各级环保部门共收到环境噪声投诉 52.2 万件（占环境投诉总量的 43.9%），办结率为 99.1%。其中，工业噪声类占 10.3%，建筑施工噪声类占 50.1%，社会生活噪声类占 36.6%，交通运输噪声类占 3.0%。另外，环保部门统计了区域声环境测点处的噪声类别，其中生活噪声（含测点处无明显噪声的情况）占 63.6%，交通噪声占 21.7%，工业噪声占 10.6%，施工噪声占 4.1%。噪声与振动控制设备主导产品包括各种吸声、隔声材料和结构、隔振器及低噪声产品等几大类。目前国内市场需求量为 20 亿～25 亿元 / 年，且以每年 10%～15% 的速度增长。这类产品品种齐全，可基本满足国内市场需求。

2014 年 1 月 1 日起，空气质量新标准监测扩大至国家环保重点城市和环保模范城市在内的 161 个地级及以上城市的 884 个监测点位。2014 年底，全国 338 个地级及以上城市共 1436 个监测点位全部开展了空气质量新标准监测。中国已形成国家、省、市、县 4 级环境监测网络。2015 年共有专业、行业监测站 5000 多个，从业人员 6 万多人，还有众多环境科研院所等。所有地级市都实行空气质量自动监测，大的流域建成水质自动监测站实现实时监测。另外，在一些城市的重点污染源也要实行在线监测，实行总量控制。可以说，未来环境监测仪器的需求量很大。

环境监测仪器的主导产品是各种水污染和大气污染监测仪器，其次是噪声与振动监测仪器、放射性和电磁波监测仪器，以及大型实验室的预测分析仪器等。这些产品虽可立足国内生产，但先进的自动控制技术采用程度低。污染源和大气环境质量在线监测仪、便携式快速监测仪的生产还未形成足够的产业规模，高档次、性能好自动化程度高的大型精密分析仪器、空气自动监测仪主要从国外进口。由此看来，我国环境监测仪器产业供小于需，亟待发展，产品结构亟待升级。

环境保护服务业是与环境相关的服务贸易活动，主要包括环境技术与产品的研发、环境工程设计与施工、环境监测、环境咨询、污染治理设施运营、环境贸易与金融服务等。我国当前环保服务业以环境工程设计与施工服务和污染治理设施运营服务为主，两类服务收入之和占环境保护服务收入总额的 80% 以上。

我国环境保护服务业发展很快，适应了国际经济发展的大趋势。在不同的地区，环境服务业的发展和地方社会经济的发展是紧密联系的。各个地区环境服务业的发展水平是不相同的，而且是不平衡的。和中国服务行业的地区分配一样，环境服务业也是东部比西部发展得好，经济发达地区比经济不发达地区发展得好。在经济发展好的地区，环境服务业与经济的发展有着必然的联系。我国环境保护服务业有极大的市场需求。

我国环境服务相对落后，不能适应市场经济发展的需要，社会化、专业化程度低，全方位的服务体系还没有建立起来，造成许多环境治理设施运转效率较低。此外，信息咨询服务的规模和技术手段与国际水平相比具有较大差距，咨询公司和各种中介机构服务网络建设远远不能满足市场需求。环境咨询服务处于初级发展阶段。

在国家政策体系中还没有一套直接针对环境服务业发展和对外开放的总体战略。为了尽快发展我国环保服务业，满足我国日益提高的环境保护需要，必须制定出环保服务业及其贸易开放的总体发展战略，使尚处于起步阶段的中国环境服务业及其对外开放尽快走入正轨，解决目前中国环境服务业发展中存在的自发、盲目、小规模、低水平重复建设、重复开发、重复引进、重复研究等问题，还要对环境服务业有一总体考虑，明确发展方向和目标，制定系统的近期、中期和长期规划，并在有关第三产业发展、环保产业发展等方面的政策中增加环境服务业。

第四节　环保产业存在的问题

一、环保产品的质量与服务

环保产业产品质量和服务问题，是环保产业管理中的一个重要问题，也是环境污染治理设施建成后能否很好运行，发挥环保治理投资效果的关键问题。环保产业是社会生产生活的必需产业，应当具备提供普遍服务的责任，也就是说，必须向服务区内的有服务需求、愿意且能够支付相应费用的所有消费者提供环境服务。在保证环境服务数量的同时，还必须保证环境服务质量。从防止垄断的角度来看，如果缺乏充分的质量控制，价格规制也会失去其效率。供应商通过提供低质量的、不安全的服务获得相对较高的价格，消费者的利益因此受到损害。从保证安全的角度来看，环保产业提供的产品和服务直接影响到公众的身体健康和环境质量，而提高环保产品和服务质量的边际成本往往比较高，在企业化运营情况下，企业受经济利益驱动降低产品、服务质量的动机更大，因此对它们进行质量规制的意义就显得尤为重要。

目前我国环保产品质量水平普遍较低，特别是可靠性水平较差。经调查发现，有一部分环保产业产品生产企业制定了企业标准，有一部分环保产业产品生产企业采用了国标或行标进行产品质量检验，但仍有大部分产品没有采用国家或行业标准，有些产品（特别是资源综合利用类产品）没有采用任何标准，而达到国家规定计量标准的环保企业也为数不多。另外，由于环保产品多数属于非标产品，存在着难以批量生产和专业化生产问题。有些产品技术不过关，为应付检查而设计和安装。产品使用单位只求安装后达到排放标准，不求达到更好的治理效果。投入运行后，对这些产品技术不进行必要和完善的管理，不纳入生产设施配套运行管理，缺乏严格的环保产品登记审查制度。有关资料表明，在国内投入运行的环境污染防治设施中，大约有 1/3 能正常运行，1/3 不能正常运行，1/3 根本不能运行。中国环保产品和服务的技术档次和质量尚较低。

二、行业内人才及技术状况

环保产业是一门新兴的产业，高新技术为它提供技术装备和物质基础，它的发展则取决于人才的需求和供应。我们界定的高等环保人才是指具有中专以上学历，或虽无学历，但有技术职称的，工作在环境保护领域内的管理人员和科技人员。合理地利用人才优势，开发产业发展需要的技术、设备，是提高目前环保产业产品技术含量，促进环保产品上档次、上水平的关键。科技人才是环保产业科技发展中活跃的因素，我国环保科技聚集了可观的科技人才。但科技队伍的组合不尽合理，主要表现在，科技单位科技人员过于集中，由于科技投入不足，科技工作难以开展；人员的技术水平和专业分布不尽合理，咨询专家和实验技术人员不足，或因经费限制难以开展实质性研究工作；企业技术人员严重短缺，企业不仅不能为形成核心技术和核心产品、为提高竞争力开展研究开发，而且难以建立最基本的技术管理和质量保证体系。环保产业的发展需要一批既懂技术又懂管理和经营的复合型人才。这些人要有技术、管理、营销、金融等多方面知识，熟悉资本运作，能够敏锐地发现和捕捉环保产业中的商机，在众多的环保高新技术企业中发掘出最有潜力的投资对象。在当前我国高级人才短缺的情况下，应当充分借鉴国外的成熟经验，通过广泛的国际交流与合作，尽快建立一支高素质的环保产业创业者和风险资本家队伍。

在知识经济时代，环保产业就是高新技术与环境保护的最佳结合点，需要把科技进步摆在突出的位置。技术创新是我国环保产业实现持续发展的关键环节。治理环境污染、控制人口膨胀、有效利用资源、保护生物多样性等都离不开科学技术的发展与应用。环保产业知识与技术的密集性，使具有科技经济优势的发达国家，有着明显的领先优势。无论是政府推动环保型经济增长，还是以企业为代表的民间的自发行为，都是以技术的研究与开发为中心内容的。美国大力发展生物技术，其中对与环境有关的生物技术的投资占总的科研投资的50%以上。美国白宫设有高层次、多部门绿色技术工作小组，该工作小组以促进联邦研究计划和私人机构的绿色技术成果的应用为目的，并保证联邦政府购买力、贸易、财政和政策规章有利于绿色技术的发展。英国十分注重洁净技术的研究与推广应用。1990年7月，英国农业与食品研究委员会和科学与工程研究委员会联合成立了洁净技术小组，专门负责组织洁净技术研究工作。日本政府确定的绿色技术，主要包括以下九大部分内容：

①节能技术；

②采用低二氧化碳型交通运输系统技术；

③新能源替代技术；

④二氧化碳固体化技术；

⑤二氧化碳分解技术；

⑥防止土壤沙化技术；

⑦对付氟利昂的措施，开发代替氟利昂的材料；

⑧防止大气污染技术；

⑨废物处理措施。

一般而言，研究开发经费额及其占收入额的比例指标是衡量技术进步快慢和技术水平高低的重要标志。我国环境保护加大科技开发力度，环保产业的整体水平正在提高。

发达国家和地区的成功经验证明，环保产业持续增长的动力来源于环保产业内部科技创新水平的不断提高。换言之，环保企业获利程度也与企业自身科研开发的能力密切相关。

环保产业的科技创新不是一项孤立的活动，它是从理论研究到实际应用的一个完整的过程。

环保产业中的科技创新活动受到多种因素的影响，要受到研究水平、产品性能、制造手段、营销策略、市场需求等要素的制约和相互作用。只有在这一链条的每一个环节都得到顺利转换，科技成果才有可能转化为现实生产力、实现高新技术的产业化。

顾客对企业提供的产品是否满意体现了顾客的价值观，企业是否能提供顾客满意的产品则体现了企业的价值观，二者尽可能完美地统一起来便形成了"质量价值链"。这种"质量价值链"将相关方（包括顾客、业主、员工、供方和社会）的利益联结在一起，这就是"全面质量"的实质与核心所在。因此，环保企业只有以顾客满意为目标，根据市场和顾客的需求，制定企业质量经营战略和目标，对企业的所有过程进行控制，实现产品质量、成本、效率、资源的全面优化。通过追求"全面质量"，铸造起坚固的"质量价值链"，才能使自己在激烈的市场竞争中立于不败之地。

在全世界质量管理领域，不断出现许多组织优秀模式。颇具影响的主要有日本的戴明（Deming）奖、美国的国家质量奖、英国质量奖及欧洲质量奖等国家和区域的质量奖的评定模式，颁奖对象是在全面质量管理方面取得杰出成绩的组织，考核范围是组织的整体性表现。戴明奖从方针、组织、培训、收集与分析信息、标准化、质量控制和质量保证等十个方面进行评价，这些评价确保组织集中致力于全面质量管理各个方面以进行质量改进。美国国家质量奖与日本戴明奖有异曲同工之妙，主要目的是为了表彰美国组织在质量管理方面所取得的杰出成绩，提升组织（主要指企业）的全面竞争力，即帮助组织用一种均衡的方法管理组织的业绩并最终导致组织向顾客提供永远改进的价值，提升市场占有率，改进组织的有效性和能力，造就学习型的组织和员工。美国国家质量奖的评定准则包括领导能力、信息及其分析、质量策划、人力资源开发与管理、过程质量管理、质量和运作结果及以顾客为中心的顾客满意程度七个方面的内容。为了适应全球经济一体化和信息技术迅猛发展的新形势，激励和引导我国企业追求卓越的质量经营，提高企业的质量管理水平和参与国际市场的竞争能力，我国于2001年启动了全国质量管理奖的评选工作，这是用以表彰在质量管理方面取得突出成绩的企业的最高奖励。2001年全国质量管理奖评价标准包括领导和经营战略、资源管理、过程管理、信息管理和经营结果五个方面的内容。评价方法采用美国国家质量奖的评价体系，评审工作是企业根据自己的经营需要自愿申请，由社团运作，严格按标准进行评审，并接受政府和企业的监督，充分体现了现代质量管理的先进思想和方法，对企业管理水平的提高有重大指导意义。

总体来说，我国环保企业的管理水平低下，属于粗放式经营：企业家资源短缺，环保企业对市场缺乏长远的战略管理，技术型人员较多，管理型和营销人才严重不足；资金缺乏，生产设备简陋，能源和原材料消耗高，对产品的技术开发不足，产品品种的更新换代比较盲目；企业经营管理还处于盲目应付、自发生产的初级阶段，对市场缺乏预见和应变能力。环保企业质量管理，是环保产业管理中的一个重要问题，也是发挥环保治理投资效果的关键问题。经过多年的努力，我国环保企业的质量管理水平有了较大的提高，但还存在一些不尽如人意的地方，主要表现在以下十个方面。

第一，质量观念不适应。一些企业对质量的理解仅停留在传统的"狭义质量（指产品质量、工程质量、运输质量、服务质量，其核心要求是质量的符合性）"和"广义质量（指产品质量、工作质量，其核心要求是质量的适用性）"阶段，没有建立以满足顾客要求为目的的"全面质量"的现代质量观念。

第二，质量意识亟待提高。一些企业领导只注重市场开发，对质量工作重视程度不够。少数企业领导从未参加过质量法律法规知识的学习，没有直接参与制定企业的质量方针和质量目标，企业的基础管理逐年滑坡，员工质量意识普遍下降，产品质量低劣。

第三，全员参与程度偏低。企业员工对质量管理的参与大多是被动的，主动关心企业、积极提高产品质量和工作质量的情况不普遍，质量工作的开展缺乏强有力的群众基础。

第四，缺乏超前的质量战略。由于企业领导介入质量管理活动的程度不高，不通过质量战略的创新来适应市场和顾客需求的变化，因此企业失去了良好的发展机遇。

第五，质量管理手段落后。企业的质量管理活动局限于对生产过程的控制，质量检验仍是控制质量的最常用的手段，未能真正实现与市场的对接。

第六，没有建立互利的供方关系。许多企业与供应商之间未形成真正意义上的合作伙伴关系，影响了相互之间在市场分析、产品开发、过程控制、质量改进等方面的支持、参与和合作，降低了企业的经营绩效。

第七，持续改进的动力不足。持续改进要求企业建立长期的奋斗目标，并依据目标，不断地改进企业的管理，以满足日益变化的顾客需要。但不少企业只注重短期效应，企业领导关心的只是自己任期内的政绩，企望立竿见影，"杀鸡取卵"，给企业的发展留下巨大的隐患。

第八，质量责任不明确。许多企业的质量责任制不健全，没有把质量职能切实分解和落实到每一个部门和岗位，并明确他们的质量职责，使企业的质量管理工作流于形式，质量责任制难以落实。

第九，质量文化建设滞后。由于大多数企业没有根据市场经济的需要及时培育企业的质量文化，因此企业的质量管理照抄标准的多，与实际相结合的少，有共性的多，个性化的少；"两张皮"现象多，融合提炼的少；挂在墙上的图表多，持之以恒有效应用的少。

第十，质量认证效果不明显。少数以收钱为目的的认证和咨询机构，为了追求更多的客户，放松了对企业的要求；而以取证为目的的部分企业追求的是表面的形式，放弃了ISO9000族标准的精髓，难以建立起有效的质量管理体系。

三、影响环保市场发展的因素分析

人类社会的发展史（渔猎社会除外）从技术角度出发，可划分为传统技术时代、灰色技术时代、绿色技术时代。绿色技术是从改善人—技术—自然的关系而定义的，它是指人类为实现可持续发展而采用的旨在保护环境、维持生态平衡的各种手段的总和。绿色环境技术可分为两类：深绿色技术和淡绿色技术。深绿色技术指专门解决环境问题的技术，如专门去除水中铅和碳氢化合物的过滤器或处理工艺的催化剂。淡绿色技术具有很多用途，与环境保护有间接联系，如先进的制造技术，主要是为了降低废品率和改进产品质量，提高生产率。绿色技术把生态工程学与基因工程学结合在一起，分解有毒废料，复原生态系统，因此，绿色技术将逐渐成为全球居支配地位的技术。

我国自 20 世纪 70 年代开始从美国、日本、德国等国家引进先进的技术设备，经过多年的消化、吸收、改进，新工艺、新技术、新产品不断推出和涌现。目前我国的电除尘和布袋除尘技术已居世界先进水平之列，并已形成相当的生产规模。组合式旋风除尘设备也具有较高的水平，普遍得到应用。在污水处理方面，其中城市污水处理，我国可以全部完成处理工艺设备和配套设备的生产，污水回用技术与国际上的差距也在缩小，在工业废水处理方面一些技术设备已打入国际市场。噪声与振动控制技术中，微穿孔消声技术已超过国外先进水平，隔声技术中的挠性接管技术达到国际水平。总体而言，我国环境污染治理工艺的研究水平基本上与国际水平同步，但工艺水平和环保产品质量基本处于国际 20 世纪 70 年代中后期水平，至少有 15～20 年的差距，只有少数工艺、产品达到国际 20 世纪 80 年代末或 20 世纪 90 年代初的水平。在大气污染防治技术和产品方面，我国尚存在着空白领域，如大型烟气脱硫、脱硝装置等还处在开发阶段。在污水处理技术方面，国产技术在工艺上并不是很落后，但在设备制造上差距较大，成套化、系列化水平较低，一些产品质量得不到保证。环境自动快速监测仪器的开发生产方面更为落后，多年来，凡高精尖的仪器设备几乎都要依赖进口。

从解决 21 世纪我国面临的主要环境问题出发，今后环保产业的发展重点领域将是城市污水治理设备、大气污染防治设备、固体废弃物处理处置设备及环境生态监测设备。在水环境保护及污染治理方面，亟须研究开发和完善一批实用的污染控制技术。比如，新型高效的城市生活污水、污泥回用技术，10 万吨/日以下的中小型污水处理厂的高效、低成本技术，高浓度、难降解工业废水治理技术，及湖泊富营养化防治技术等。在大气污染治理方面，围绕烟尘和硫氧化物的防治，重点开发清洁煤技术、大型燃煤电站脱硫脱氮技术、可吸入粉尘（PM10、PM2.5）控制技术、机动车排气污染治理技术、垃圾焚烧厂烟气净化技术等。在固体废弃物处理处置方面，深度开发带有双层衬里、滤液监测、废气收集系统、沼气回收系统的卫生填埋技术，带有能源回收装置的各种焚烧技术，工业固体废弃物的再利用技术，及危险废物的安全处置和无害化处理技术。在噪声治理方面，重点为城市交通噪声、公共建筑噪声等的治理技术。在环境监测仪器、仪表方面，要开发各种污染源在线监测仪及数据传输系统，将激光探测等高新技术应用到环保科研及技术开发中。

在我国环保产业大军中，不乏科技开发人才，但是技术开发力量主要分布在大专院校、研究院所，尚未形成以企业为主体的技术开发和创新体系，绝大多数环保企业的科研、设计力量较薄弱。目前，由于科研和生产脱节，一方面环保科研事业取得了长足进步，另一方面环保产业还处于技术落后的状态。科研项目分散化、小型化、短期化，对企业技术进步支持能力不强。环保科研成果转化率低下是影响民族环保产业发展的一大问题。中钢集团武汉安全环保研究院是一家建院五十多年的重点院所，一批批研究成果获得国家、省部级奖励，却由于认识、资金等多种原因得不到开发、生产、推广，其中转化为生产力的只有10%，有些专利历经十多年仍束之高阁，有的科研成果不得不转让到国外。市场经济的运作规律不允许这种局面继续存在下去，企业应当主动成为科技研究的主体，通过联合、兼并、股份制等多种形式，让环保科研院所与生产企业密切结合，组建环保工程开发中心，如烟气脱硫工程中心、水污染治理工程中心、固体废弃物处理工程中心等，走科工贸一体化的道路，加速科技成果产业化。

总之，在环保科学技术方面，我国与国际先进水平相比差距很大。在环境与资源领域有一批重大技术课题亟待攻克。比如，有毒有害污染对人体健康影响及防治技术、废旧物资以及废弃物资的资源化技术、流域水污染防治技术、城市群复合污染形成机理与防治技术、农业面源污染控制技术、退化生态系统的恢复和重建技术等。特别是在能源利用技术方面，要力争有新的突破。又如，煤气化多联产技术，可以把煤炭的清洁利用推进到一个新水平。利用煤气化技术生产电力，几乎与天然气联合循环发电水平相当，有很好的经济和环境效益。利用煤气化多联产技术，还可生产多种合成燃料，如甲醇、二甲醚等。甲醇可替代部分石油用于交通运输，二甲醚可替代石油液化气做炊事燃料。在上述多联产技术基础上，还可生产无害环境的燃料——氢气。煤气化多联产技术，是使我国能源立足以煤为主体的国情，使煤炭产业做到清洁利用并实现能源安全的重大战略选择。在交通运输方面，要把混合动力汽车、电动汽车、燃料电池汽车作为开发重点，在即将来临的无公害汽车市场上，迎头赶上，使我国占有一席之地。

第六章　环保产业投资分析

第一节　环保产业投资现状与理论

一、我国环保投资的现状及问题

近几年，中国对环境保护的投资总额及其占 GDP 的比重逐年上升，巨额的投资、逐渐完善与严格的环境管理制度，促进了环保产业的发展，使其在保护环境中发挥着越来越积极的作用。

无论是防治污染还是维持环保执法和监管机构的运转，都需要充足有效的资金投入。20 世纪 80 年代前，我国对污染控制基本上没有投入，与环境有关的城市基础设施的投资也非常有限。20 世纪 80 年代，中国开始将环保纳入国民经济计划。随着经济增长，中国环保投资也呈快速增长趋势。2011 年以来，我国环保投资总额呈现先增长后下降的趋势。2015 年国家环境污染治理投资总额为 8806.3 亿元，相比 2014 年下降 8.03%。环保投资占国内生产总值（GDP）的比例为 1.30%。

环保投资的不断增长，对促进环境保护与治理工作，保持自然环境的相对稳定，起着至关重要的作用。中国环境科学研究院的研究表明，要使中国的环境质量明显改善，环保投资占 GDP 的比重须在 2% 以上；要使环境问题基本解决，环保投资占 GDP 的比重须达到 1.5%；要使环境污染基本上得到控制，环保投资占 GDP 的比重也需要达到 1%。而目前我国的环保投资占 GDP 的比重在 1% 左右，虽然对控制环境质量恶化起到了一定的作用，但环境质量如果要有明显改善，投资额必须大幅度地增加。中国的环境污染治理投资目前主要有 9 个来源：老企业更新改造资金的 7% 用于污染治理项目；新、改、扩建项目基本建设投资的 6% 用于执行环境保护的"三同时"制度；国家和有关的省级政府建立污染治理专项基金的专款；工矿企业开展综合利用项目获得的利润留给企业，用于企业的污染防治；超标排污费的 80% 作为环境保护补助资金用于污染治理；银行设立的环境保护贷款，用于老污染源的治理；征收的生态环境补偿费；城市建设维护费中用于环境污染防治的资金；利用外资。这些投资标准如果得到严格执行，中国的环保投资占 GDP 的比重将超过 3%。但由于制度执行上的漏洞，这些规定并不能得到有效的执行。所以中国的污染治理投资存在大量的历史欠账。据专家估计，环境投资的历史欠账总数为 5 000 亿元左右，其中城市与污染控制有关的基础设施欠账至少有 3000 亿元，工业治污欠账为 1 500 亿～2 000 亿元。环保投资上升到占 GDP 的 1.5% 以上，才能弥补这些欠账。

环境保护与治理不仅是一种环境活动，而且是社会化、专业化、市场化极强的经济活动，具有规模大、持续时间长的特点，需要不断融资和不断投资，而我国环保资金的严重短缺及资金使用效率的低下，成为制约环境保护与治理最大的瓶颈。环保投资面临的主要问题有以下几点。

（一）投资总体规模偏低

根据国际经验，当环保投资占国民生产总值比例为 1%～1.5% 时，仅仅能控制环境污染恶化的趋势；只有当该比例为 2%～3% 时，环境质量才可以有所改善。在我国，这一比重一直很低。虽然污染治理的投资总量逐年增加，但占 GDP 的比例一直不高。近几年环境污染治理投资总额有了大幅度的增长，但占 GDP 的比重仍距 2% 较远。

对照发达国家，可以发现它早在十几年前，环保投资占 CDP 的比重已远远超过我们国家。

我国"三同时"环保投资和技改环保投资比例一直偏低，而"三同时"环保投资是工业污染防治资金来源的主渠道。目前存在的主要问题，是基建项目中用于"三同时"环保投资的比例远远达不到 6%～8% 的合理水平；同时，国家政策规定不低于 7% 的比例更新改造投资要用于环境保护，也根本未得到认真落实，导致近年来的技改环保投资比例只占环保投资的 1.3% 左右。

近几年，随着国家对环保工作的重视，环保投资有了长足进展，但仍没有达到使环境质量得以改善的规模。虽然环保工作不断取得进步，但我们也应看到，形势依然严峻，环境压力持续加大，群众生产生活受到不断发生的污染事件的严重影响。环保投资缺口仍然很大。因此，迫切需要研究环境保护与治理的投资渠道和投资方式，找到增加环保投资的方法。

（二）环境投资效益不高，浪费严重

当务之急是建立规范化的环境投资决策效益评价体系。环保投资项目的经济效益一般都较低。由于多方面的原因，环保投资应当发挥的环境效益和社会效益也没有充分发挥出来。我国为保护环境先后投入了 1000 亿元以上的资金，但是没有获得相应的环境效益。环境污染越演越烈，全国总体生态状况仍然在不断恶化。仅淮河流域污染的治理就需要再投入 100 多亿元，经济代价和生态代价都是巨大的。

只有提高对排污企业的处罚力度，使其违反规定的成本加大，才能从经济根源上解决投资效率问题。另外，对于环境保护与治理项目是否值得投资，环保投资效果好坏，环境保护设施使用效果如何，没有具体的、科学的决策方法及评价和制约机制，必然导致投资浪费。对于企业来说，必须要有效益才会进行环保投资，政府必须要使其正外部性的效益得到有效补偿，真正实现"污染者付费"和"使用者付费"。另外，投资要实现良好效益，还需要科学的投资决策方法，因此迫切需要研究科学的投资决策方法和规范化的投资效益评价机制。传统的投资决策方法对环保投资中的环境收益和社会收益的不确定性没有充分考虑，对管理层在环境保护与治理中的灵活性带来的价值也没有有效的估计，造成保护与治理的很多潜在收益没有得到合理的补偿，造成投入不足，投资效益评价机制不合理。对环境保护与治理项目应建立预评价、项目运行评价和项目后评价多阶段的评价体系，从而保证环保投资的效果。

（三）环保投资配置不尽合理，要逐步转变环保投资的结构和方向

环保投资配置不合理主要表现在以下三方面。

第一，多年来环保资金使用比较分散。第二，长期以来，我国环保投资的重点一直在工业污染防治领域，而对环境管理部门建设、城市环境基础设施建设、中小企业污染防治、跨区域环境综合整治等投资甚少。我国城市基础设施建设的环保投入尽管每年都增加一定比例，但因为中国的城市化进程和大中城市规模的膨胀速度极快，所以城市环保投入的欠账程度持续不断增加。第三，环保投资重点仍停留在"事后治理"。当前国际上许多国家在可持续发展战略思想的指导下，已经开始着眼于积极预防污染源的产生，将环保投资大量投向清洁生产、清洁技术，生产出"绿色标志产品"。我国由于环保投资资金有限，大部分投资用于环境污染治理和生态环境整治，特别是对工业污染的治理主要采取"末端治理"的模式。末端污染治理的治理速度往往赶不上污染产生的速度。由于其投入治标不治本，往往消耗大量资源，却不能取得很好的效果。

由于环境保护是一项复杂工程，为了提高环保投资效益，今后环保投资应由分散治理向综合治理方向发展，使有限的环保投资能够发挥出最大的效益。例如，城市综合整治要求对城市的工业结构、污染源分布、污染程度、居民情况、污染迁移转化等许多问题做深入了解，通过综合研究分析确定投资方向和结构。环境保护要从"事后治理"向"事前防治"转变，积极投资清洁生产和清洁技术，大力研究开发适合我国经济发展水平的环保实用技术和设备，使投资结构更加合理。目前的实际情况距离这一目标存在相当大的差距，环保资金使用各自为政、严重影响投资效益提高。

（四）当前我国环保投资主体倒置，应逐步实现环保投资主体置换

从投资主体看，我国环保投资严重依赖政府部门，企业投入明显偏少。由于

环保投资具有公益性、整体性和宏观性，企业作为投资主体缺乏投资积极性。尽管我国有"谁污染谁治理"的环境管理原则，但由于各种原因，这一原则无法得到真正落实。在以美国和加拿大为代表的发达国家，环保投资的总原则是"污染者付费"和"使用者付费"，以企业投入为主、政府扶持为辅。我国企业承担了工业污染防治的大部分成本，但在城市环境基础设施建设中，政府承担了大部分投资，"污染者付费"的原则没有得到贯彻。这些投资会使政府背上沉重的包袱，因此，在我国目前各级政府财政紧张的情况下，如何改善投资机制，从以政府投入为主，转向以企业投入为主，已经成为亟待解决的问题。

只有将环保投资由以政府投入为主转为以企业投入为主，才能真正落实"谁污染谁治理"的环境管理原则。为此，必须采取有效措施和方法扩大企业和地方政府的环保投资，鼓励企业推行清洁生产是促进企业参与环保的积极方式。由于清洁生产技术是在追求经济效益的前提下解决污染问题，符合企业的利益要求，所以容易受到企业欢迎，使企业生产与环境保护成为一体。同时，要通过改革、完善现行的环境管理制度，提高环保标准，扩大排污费征收范围和征收力度，以及加强执法等措施，从制度上引导企业积极开展环保工作。因此，要想提高企业环保投资的积极性，让企业享受环保投资效益，迫切需要研究制定科学的投资决策方法和投资决策机制，建立合理的投资制度和政策。

针对这一问题，许多国家正在尝试开辟城市环境基础设施多元化的投资渠道和运营方式。在国际上，不少国家颁布了专门的鼓励私人部门参与基础设施建设的法律，成立了专门的促进机构。欧美从20世纪80年代开始倡导和鼓励私人投资环境基础设施的建设和运营，这一做法后来被许多国家所接受。私人部门投资环境基础设施有合资、建设—经营—转让、移交—经营—移交和"资产支持证券化"融资模式等多种模式。我国借鉴国外的经验，也开始进行一些吸引私人部门投资大型基础设施的尝试。

二、环保投资的影响因素

（一）环境意识

人们的环境意识，特别是政府和企业人员所具有的环境意识越强，环保产业发展得越好。这是因为，政府和企业人员的环境意识越强，环保工作越得到重视，环保投资力度就会越大。

（二）经济水平

环保投资水平受经济实力和经济水平的决定性影响，经济欠发达的地区，环保投资的比例自然较小，如果温饱问题还没有解决，必然很难进行环境保护。而经济实力雄厚、经济发达的国家或地区，用于环保的投资比例往往较大。

从世界各国环保投资占国民生产总值的比例可以看出经济实力的决定性作用，当发达资本主义国家的环保投资占国民生产总值的 1%～3% 时，发展中国家一般都低于 0.5%。

（三）科技水平

科技水平对环保投资也有影响。环保投资只有借助科学技术，才能更好地收获效益。我国环保投资效益低的一个很重要的原因就是环保技术落后，因此今后必须加大环保技术科研投入，集中资金提高环保技术水平，提高环保设备技术含量，这样提高环保投资效益才能有技术保障。

（四）环境状况

环境状况同样影响环保投资水平。当环境质量较好时，所需环保投资也就较少；但当环境污染和生态破坏严重时，人们的生产和生活必将受到威胁，人们就会重视环境问题，增加环保投资来提高环境质量。比如，发达资本主义国家在经济发展初期，由于环境状况恶化不明显，它们的环保投资水平也是很低的。但随着经济日益发达，环境状况却越来越恶化，并且使人们的生活深受其害，因此开始增加环保投资。我国的情况也基本相同，新中国成立时环境状况恶化不明显，所以环保投资极少，随着经济的发展，环境状况日益退化，国家越来越重视环保投资。

此外，投资政策、社会制度等因素，也会影响到环保投资水平的高低。

三、环保投资问题的解决途径

在我国经济实力仍然比较弱的情况下，主要环保资金不能靠中央财政拿钱，而是要靠强化环境监督管理，通过法律的、经济的和行政的措施，促使并指导企业、部门和地方以及社会各界增加环保资金的投入。

目前，解决我国环保投资中存在的问题，主要通过以下几个方面的努力来实现。

（一）制定配套经济政策和疏通融资渠道

目前对公益性强的环保投资，缺少经济优惠的具体政策，亟须制定一系列配套的经济政策，以吸引更多的社会资金投入到环境保护工作中。目前国家已确定的资金渠道，往往只有原则规定，缺少可监督检察的具体政策规定，缺乏可操作性，这是造成我国环保投资不足的一个重要原因。

（二）改革环境投资机制

现行环保投资机制的主要问题是部门分割和地区分割严重，投资决策权过度分散，从而制约了投资的优化利用和统一规划。

建议研究建立环保基金制运行制度，可以国家、省、市三级基金的方式运作管理。基金制的主要优点是专款专用，资金有一定保证，便于集中管理和统一规划，便于监督检查。基金管理应保证其符合各级政府的环保规划和计划；基金的使用形式可以多种多样，可以采取优惠贷款、贴息金和补助金等多种形式；建立环保投资公司也是一种形式。另外要采取多种投资模式，尽可能吸收各方面的社会资金。

（三）改进环境规划和标准

我国的环境规划还存在缺陷：①环境规划没有很好地渗透到国民经济和社会发展计划以及相关部门的规划和计划中去；②环境规划没有一个具体、明确、可操作的指标体系；③规划目标和所需资金严重脱节，往往只有要求没有资金保证。要改变这种状况，需要从几方面努力，重要的是要落实资金。另外，为增加环保投资，还需调整环境标准，如增加"三同时"、排污收费标准等。

（四）加强环保资金使用的监督管理

环保投资领域长期以来一直"重收轻用"，环保投资使用的监督管理极其疏松，导致环保投资效益不高。为此，应抓好两方面工作：一是加强对环保基建项目和技术改造的监督管理，制定配套的验收考核指标体系和监督管理办法，保证环保设施工程质量合乎要求，技术可靠；二是建立健全环保设施运行的监督管理制度，保证设施的正常运行。

（五）发展环境保护产业

环保产业的发展，将为环保投资提供物质载体；离开这些载体，环保投资很难实现其价值。如果环保投资用于治理污染，就须有相应的污染处理设备，而污染处理设备又须靠发展环保产业才能生产出来。同时，环保产业还有助于加速环保科技成果的转化。这两方面均有助于提高环保投资的效益。

（六）抓好科学技术攻关和改进技术装备

长期以来，由于国家不能拿出太多的资金来治理污染，同时由于环境问题中约36%～50%是由管理因素造成的，属于易于解决的环境问题，所以环保工作基本上按照"七分管理，三分技术"的思路来控制污染，取得了可喜的成绩。但是，目前的情况发生了变化，易于解决的环境问题相继解决，而技术因素造成的难度较大的环境问题日益突显，必须采用技术装备的硬手段来解决。况且，这几年环保投资的大幅增加，为解决难度较大的环境问题提供了可能。因此，及时调整技术手段与管理手段的比例，逐步提高技术比例，才能促使环保投资效益的不断提高。为此，环保工作的重点转为依靠科学技术进步，组织科技攻关。可以在调查国内外污染防治技术的基础上，组织力量，对那些量大、危害严重的主要污染物的防治技术装备进行研究，要把生产与污染防治装备的科研、设计配套起来，争取有所突破，使其尽快转化为商品，取得经济效益，形成良性循环。

（七）制定适宜的环保投资比例

我国地域辽阔，各地经济条件差异很大，必须根据各地的具体情况制定合适的环保投资比例。经济发达地区环保投资比例高，落后地区环保投资比例低，但应防止落后地区盲目发展经济、不顾环境质量的错误做法。另外，增加环保投资可以采取技术、资金、人力、物资投入相结合的方式。对于落后地区，为改善环境质量可多投入些人力资源；而对于经济发达地区，则要多投入一些资金、技术。

（八）提高环保投资水平和效益

增加环保投资主要有两条途径，一是疏通现有的投资渠道；二是拓展新的投资渠道。做好这两方面的工作，环保投资水平可望提高。就我国目前现状而言，应该广泛吸取社会资金，不断扩大投资渠道，多元化筹集资金，提高投资水平。

提高环保投资效益，必须对各环保投资方案进行仔细的衡量和分析，必须建立科学的环保投资决策体系，采用正确的投资决策方法。

第二节 环境污染与环保投资的关系

上文论述了进行环保投资主要是为了解决日益严重的环境破坏和环境污染问题，那么，造成环境污染的原因到底是什么？我们应该从哪些方面着手进行解决？我们必须进行深入挖掘，并找出这些原因和治理措施与环保投资的关系，从而使我们所进行的环保投资真正从根源上解决环境污染与环境破坏的问题，并使环保投资与其他各项解决环境污染问题的经济手段和技术手段结合起来，多管齐下，为解决环境问题做出尽可能多的贡献。

一、环境污染的原因及与环保投资的关系

近年有大量文章论述环境污染的原因，归纳起来大概有以下几方面。

（一）环境保护意识淡薄

近年来，我国环境污染加重的一个很重要的原因是，政府的环境决策，包括计划、政策、规划等抽象决策，常常没有考虑环境保护，没有进行必要的环境论证。由于不能正确认识和处理当前与长远的关系、经济发展与环境保护的关系、局部与全局的关系，只考虑局部利益，不考虑整体和全局利益，只顾当前，不计长远，考虑经济发展多，考虑环境保护少，认为经济发展是第一位的，甚至不惜以牺牲环境为代价换取经济增长，很多地方环境保护与治理明显滞后于经济发展，很多该治理的环境不治理，有的甚至边治理边破坏。特别是在落后地区，只要能赚钱，什么企业都敢建，从而形成越落后污染越严重的局面。到底什么是环境保护，很多领导根本说不清楚。而且在很多地方，环保局往往屈从于地方政府增加 GDP 这个首要任务而姑息、迁就环境污染行为。

环境保护意识淡薄是导致环保投资不足的重要原因，正因为重增长、轻环保，才导致环保资金经常被侵占、挪用。要提高人们的环保意识，除了宣传教育外，还必须将环保收益加以正确计量，使无论企业还是个人从事环保活动均能获得相应的收益或补偿。同时建立绿色 GDP 核算体系，使官员的政绩跟环保工作挂钩，并科学地核算和考评环保投资效益，提高投资效率。只有将环保收益体现出来，并与每个人的自身利益息息相关，才能切实提高人们的环保意识。

（二）环境污染的经济学原因

从经济学角度看，环境污染的原因：一是"市场失灵"，二是"政府失灵"。所谓"市场失灵"，就是市场机制的某些缺陷造成资源配置的低效或无效，使市场不能有效地配置公共资源。"市场失灵"是我国环境污染的经济学根源，其主要表现在环境资源的公共性和外部性造成的市场非效率。因为"市场失灵"的存在，所以解决环境问题时需要政府的干预，但政府在管理过程中，又可能出现"政府失灵"。环境问题的"政府失灵"，是指因政府行为导致了环境政策和环境管理的失效，从而加重了环境污染和生态破坏。

环境污染的政府管制，经常会为管制者提供寻租空间。在这种情况下，如果对政府相关职能部门的监督约束机制不健全，很容易滋生腐败行为，造成"政府失灵"。"政府失灵"会造成两方面后果：①社会成本增加。政府对环境污染的管制和财政补贴活动是为了矫正市场机制的不足，提高社会资源配置效率。但政府规模的过度扩张导致行政效率低下，影响政府干预的方向和效率，会使财政负担上升，从而提高社会公众的税收负担，导致政府干预的社会成本等于或高于市场缺陷所带来的社会成本。②产生寻租现象。企业的寻租活动不会增加任何新财富，只是改变生产要素的产权关系，很容易导致资源的无效配置。寻租活动还会增加廉政成本，导致政府部门和官员之间争权夺利，影响政府声誉。

环保投资决策亦应努力避免"政府失灵"及"市场失灵"，应尽量减少政府干预的范围。政府只做市场做不了的事情，同时理顺投资决策体系，尽量制定鼓励社会资金进入环保领域的政策，充分发挥市场机制的作用，使社会资金从追求自身效益的角度出发来科学地进行投资决策。

（三）不合理的产业结构和经济增长方式

我国作为一个发展中国家，污染治理速度远远赶不上污染物产生量增长的速度，而且产业结构调整和经济增长方式转变缓慢，导致产业水平总体较低，能源资源消耗较高，在加快发展的过程中付出了较大的环境代价。长期以来经济增长方式粗放，表现为高投入、高消耗、高排放。资源利用效率低，往往导致排放水平偏高，特别是一些小钢铁项目、小造纸项目、小水泥项目、小皮革项目、小化工项目等，加剧了环境污染。高耗能、高污染行业的产能扩张并未得到完全遏制，结构性污染常常增加减排压力。新开工项目数量多、规模大，固定资产投资增长过快。产业结构调整往往进展缓慢，导致许多应该淘汰的落后生产能力并没有退出市场。

造成上述现象的一个很重要的原因是我们的企业收益没有算环境账，没有将经济增长的负外部性内化为企业的成本，造成企业以环境污染为代价实现利润的增长。要改变这种局面，必须增加环保投资，改善已经被污染的环境，并且要正确核算投资收益。不仅要考虑经济效益，而且国家应通过税收、补贴等方式将环境效益、社会效益转化为企业的经济效益。这样才能提高投资者进行环保投资的积极性，使产业结构趋向合理，降低能耗，减少污染物排放，使经济增长不以环境破坏为代价。

（四）滞后的环境保护制度建设

我国的环境问题，与传统经济体制下的廉价或无偿的环境使用制度有着不可分割的联系。由于污染物排放的法律基础仍然薄弱，缺乏相应的保障措施和政策。排污费征收标准过低，企业可无偿取得排污权，导致企业实际上无偿或廉价使用环境。先排污、后收费的排污征收方式，也使企业难以形成珍惜环境的约束机制，环保部门反而处于被动地位，企业只要缴纳了排污费，就认为自己尽到了治理污染的责任，其他事情就推给环保部门。环境保护费大部分没有用于防治污染、治理环境上，往往挪用到人头费、招待费等方面去了，主要是因为对排污权的使用缺乏约束。

以上可以看出，由于我国没有建立起"污染者付费"和"使用者付费"的环保投资制度，排污费征收过低，多数时候环境被廉价或无偿使用。而且有限的一点环境保护费也没有在科学的投资决策体系和监管体系下使用，甚至被挪用。因此建立有效的环保投资机制和科学的投资决策机制及监管体系至关重要。

（五）环境保护执法和监管

长期以来，环境保护中有法不依、执法不严、违法不究的现象非常普遍，环境违法处罚力度不够，违法成本低、守法成本高。一些地方存在地方保护主义，对环境保护监管不力。有的地方不执行环境标准，违法违规批准严重污染环境的建设项目；有的地方阻碍环境执法，导致一些园区和企业的环境监管常常处于失控状态；有的地方对应该关闭的污染企业迟迟下不了决心，不动手整治，甚至视而不见，放任自流。而且由于相关职能部门之间协调配合差，环保监管往往难有作为。

由此可见，环保投资必须有相应的法律进行有效的保障和监管。增加违法处罚力度，可使环保投资的社会效益进行货币化体现。可通过实行绿色 GDP 考核地方经济和地方政府官员，从而增加其环保执法的积极性，真正发挥环保相关法律的作用，为环保投资提供法律保障。

（六）缺乏独立的项目成本核算和监督体系

任何一个项目都必须考虑其成本核算，考虑其投入和产出，但是，就目前我国严峻的环境污染形势而言，国家的投入太少，而且对企业的排污收费较低。同时，在项目成本核算方面没有建立起一个有效监督体系，对环保资金流向的实际效果缺乏监督，对环保资金的挤占、挪用现象十分普遍。

我国的环保管理没有建立精确及时的环保数据库，利用先进的科技手段进行研究。环保项目的计划和实施没有充分利用高科技手段进行科学的调研和数据收集处理，仅仅采用一些模糊的数据处理和分析。另外在项目的实施方面，没有发动网络攻势，让群众通过网络监督政府和企业的环保行为。

因此我国应建立科学精确的环保数据库，对环保项目进行细致的成本核算和效益分析，科学地进行投资决策，并建立有效的网络化的监督体系。

（七）环保设施建设存在三大问题

1. 环保设备投入不足和配套率低

部分企业环保意识差，只追逐眼前利益和企业利润，往往导致环保设备投入不足，或者投入以后利用率低，加剧了环境污染，使地方政府不得不走"先污染，后治理"的老路。

2. 污染治理设施运行效率低

这主要表现在以下方面。①由于政府投资的环保企业大部分属于事业型企业，官僚主义严重，其管理方式往往非常落后，人浮于事，根本没有人关心设备运行效率提高与否。②由于对环保设施的运行缺乏监督，完全由排污企业自己负责污染治理设施的运行管理，无人进行监督，因此，对于环保设施很多企业采取能不运转就不运转的方式，甚至干脆把治理设施当成摆设，治理设施的正常运行根本不能保证。

3. 环保设施的技术含量低

由于大多数企业投资于环境治理的设施是迫于"三同时"制度的要求，或者是为了应付环保部门的检查，因此他们并不关心环保设备的质量、技术含量以及运营效果，只关心环保设施是否低成本。而这些低技术含量的环保设备对治理环境污染、改善环境质量根本起不到任何作用。

因为环保投资不足，所以环保设备投入不足，技术含量低。也正是因为环保投资效益的核算未被充分重视，所以治污设施运行效率低，缺乏监管。因此环保设施问题的解决也离不开环保投资问题的解决。

（八）污水、垃圾处理费用偏低

污水、垃圾的处理费低于治污成本，一方面难以保证设施的正常运行，使大量的治污设备处于闲置状态，造成资源的极大浪费；另一方面，也难以吸引社会资本进入环保产业，不利于我国环保产业的发展和环保生产率的提高。

污水、垃圾处理费是环保投资收入的主要组成部分。投资者投资是以获利为目标的，如果其收益没有得到合理保障，显然其投资积极性会受影响，这也不利于环保产业的良性发展。因此污水、垃圾处理费的征收标准必须根据治污成本和保证投资者的合理收益来确定。

（九）没有调动利益相关方的积极性

环境污染影响到的利益相关方包括政府、企业和广大群众，因此我们要调动这三方的积极性来共同改善环境，防治污染。不仅政府要积极，也要充分利用消费者和社会舆论的影响力，更重要的是要调动企业的积极性，充分利用市场机制的作用。市场是一只"看不见的手"，能有效地调节和配置资源。我们必须充分利用市场机制的优势。

在城市环保部门、污染单位或个人之间存在博弈。研究发现，如果全面考虑综合收益，不污染的收益大于污染的收益，污染单位应该选择不污染。要使污染单位选择不污染，就应当采取措施加大污染单位对环保部门严惩的预期，要使污染单位认识到环保部门将严惩其行为。例如，如果查出某地区污染严重，环保局相关责任人的乌纱帽不保，当地政府领导也会受到一定的行政处罚。只有如此，污染单位才会认为，环保部门不会拿自己的官职开玩笑，一定会严格执法。他们必然选择不污染。

企业是以利润最大化为目标的营利组织，因而一般我们可以预计，企业只有在环境项目中获得净收益才会进行自我规制。企业在环境污染问题上的自我规制行为是指企业主动服从政府环境规制要求，甚至采用高于政府规制标准的环境保护标准进行高水平的污染削减或环保投资。

我们应充分调动企业进行环境自我规制的积极性。企业进行环境自我规制的动因是多种多样的。第一，企业可以通过高环境标准来促进创新，从而提高竞争力。波特（M. Porter，1995）指出，污染实际上是无效率的代名词，环境规制压力可以促进企业提高资源利用率，通过工艺创新和产品创新来实现竞争力的提升。第二，企业可以通过加强环境规制，甚至创立企业环境标准的方式阻止新企业进入市场，达到降低竞争威胁的目的。发达国家的企业通过发起"绿色贸易壁垒"来阻止国外产品进入就是典型的例子。第三，企业可以通过环境规制影响市场需求，如通过绿色产品来吸引消费者。如果消费者关注环境，并能够获得企业环保方面的信息，这将对消费者购买决策起关键作用。第四，企业可以通过环境自我规制来避免被提起环境诉讼的风险。研究表明，最有可能参与自我规制的企业主要有以下几类。①高污染企业。企业的边际削减成本相对较低，面对的诉讼风险却较高。②大企业。大企业削减污染具有规模效应，污染削减成本相对较低，通过环境规制提高竞争力和吸引消费者所能获得的收益较大。③处在经济社会水平相对较高的地方或者位于环境敏感区的企业以及生产环境敏感型产品的企业。这些企业面对更高的环境诉讼风险，同时也面对更高的消费者压力。

总之，提高企业进行环保投资的积极性，促使其进行环境自我规制，必须从提高其自身效益入手。以上提到的企业进行自我环境规制的动因，在我们设计环保投资决策体系时，实质上可以看作各种期权（选择权）给企业带来的价值，它们均会带来环保投资项目的未来收益。政府在进行环保政策设计时可以考虑给企业带来更多的环保投资期权价值，如环保投资项目的低息贷款、低税收，污染企业的高惩罚措施，环保项目的各种政府补贴和更加自由的投资时机选择等，从而使投资环保项目的企业可以获得更高的预期收益。

二、环境污染的治理对策及与环保投资的关系

环境污染的治理是一个复杂的系统工程，需要多方面的措施共同作用，针对上文分析的环境污染的原因，我们可以从以下几方面着手进行环境污染的治理。

（一）大力开展宣传教育

增强全民环保意识，力争在全社会形成保护环境的良好氛围。加强公众参与，树立"保护环境，人人有责"的社会风尚，努力把广大群众要求改善环境的愿望转化为保护环境的自觉行动。保护环境是全民族的共同事业，必须动员全社会的力量共同参与，同时紧紧依靠广大人民群众。各级领导、各级机关要为全社会做出表率，带头节约资源、保护环境。各类企业都要主动承担社会责任，自觉遵守环境法规。每个社区、每个单位、每个家庭、每个公民都要从力所能及的事情做起，从自我做起，自觉参加环保活动。

通过宣传和教育，使环境污染者迫于一种社会压力而有所收敛，在全社会形成一种共识：保护环境人人有责，污染环境可耻。使社会上的每一个人都能意识到自己有责任保护和改善环境，为环境的改善尽力所能及的力量。这样，环保投资就具有良好的舆论环境和社会环境，就能得到社会和群众的极大支持。

（二）界定环境资源产权关系

要从经济效益上使环保投资者有利可图，就需要界定环境资源产权关系。1960年，英国经济学家科斯（后在美国芝加哥大学任教）发表了著名的《社会成本问题》，提出了解决外部性问题的全新思路——产权界定和私人谈判。环境资源是一种公共产品，如果产权关系界定不清晰，自然不可避免地产生外部性问题。因此，将产权界定引入环境保护与治理，对原本不具有产权特征的公共资源赋予一些产权特征，使不具有市场特征的环境具有一定的市场特征，可以有效地强化市场机制的运行并补充政府的干预，促进环境管理优化。其目的是在可持续发展思想的指导下，把不可度量的环境成本变为可度量，从而使环境的外部性合理地内部化，也就是说使环境污染带来的社会成本转化为实际的企业生产成本。这样，因污染的负外部性而导致的市场失灵问题就会得以解决，用市场机制对经济主体的行为形成合理的激励，引导企业合理地使用有限的环境资源。同时，通过市场自我调节作用的充分发挥，可以把环境污染的治理成本减小到最低。

法律的重要作用在于界定产权，降低交易成本，促使私人谈判在解决外部性争议中发挥有效作用，达到资源的优化利用。一般来说，由政府来界定不可分的环境和生态资源的产权所付出的成本要远远小于市场交易方法的成本，所以我们可以利用政府来明确环境资源的产权归属，同时通过市场机制实现资源的最优配置，这样就产生了排污权许可交易。企业在环保投资时可以根据经济效益最大化原则卖出或买入排污权。环保投资决策中，产权界定越清晰，投资收益与成本的核算越精确，越容易做出科学的决策。

（三）进行排污权许可交易

排污权许可交易是一种新的环境污染控制手段，排污权许可交易又称买卖许可证交易，是在满足环境要求的条件下，建立合法的污染排放权即排污权，这种权利通常以排污许可证的形式表现，并允许这种权利像商品一样被买入和卖出，以此来进行污染物的排放控制。排污权许可交易的治理原则可以概括为"谁减少污染谁获得收益"。与污染税一致，可交易污染许可证也为相关企业提供了减少污染的市场动机。它将减少污染的收益赋予了行动企业，因此鼓励企业进行技术创新，将节省的污染额度进行交易，而不能有效减少污染且无能力购买污染额度的企业将在竞争中被淘汰出局。

可交易污染许可证的优点是，不管每个企业的污染排放率如何，总的排放量可以保持在目标水平上。它的实际操作难度要小于污染税。当然，对于总排放量的具体数额，社会公众、企业、中央政府、地方政府的目标也是不一致的，由此，最优额度确定也不是件简单容易之事。

在对环境污染进行环保投资时，必须考虑投资于污染治理和购买排污权哪个最经济，从而使企业资源达到最优配置。为了促使企业积极地投资于限制污染和减少污染量，还可以采用排污收费和征收环境税这样一些经济手段。

（四）排污收费和征收环境税

排污收费和环境税又称作"庇古税"（污染税），是为了纪念最早提出用税收纠正环境污染负外部性的英国经济学家阿瑟·庇古。该方法通过对污染者征税，使制造污染者负担污染成本，具体包括排污收费和征收环境税两种情况。

1. 排污收费

排污收费是为了促使生产企业改进工艺、管理，改善环境质量，使企业自身的生产效益和企业外部环境相互协调，达到资源最优状态。从理论上讲，政府环境管理职能部门允许企业污染物排放，直至每多排放一单位废弃物所产生的社会效益与其所需的边际社会成本相等。一般来讲，政府在上述干预环境污染时必然更多地侧重于公平，这显然要以效率的损失为代价。另一方面，即使政府想要追求效率，单纯依靠政府计划也是难以实现的。所以，尽管单纯依靠政府的干预措施可以部分实现保护环境的目的，但却无法实现有效率地控制污染。究其原因，有以下几点。一是地域差别。全国地域广、行业多，难以统一标准，全面征收。二是政府信息不完全。"庇古税"解决外部性问题在理论上很完美，但实际执行时存在困难。因为排污收费制度只有合理确定排污税率才能够达到最优资源配置，这要求管制机构了解污染企业的边际成本、边际效益以及边际外部成本。而企业自身没有动力向政府如实通报企业的边际收益、边际成本以及企业的生产技术、自身生产规模和污染治理的技术水平；政府也没有能力去了解成千上万的企业的边际收益和边际成本水平。因此政府基本上不可能一次性地确定最优税率，只有不断试错，在探索中寻找最优税率。这个试错过程不但要花费大量的成本，而且会对企业排污造成大量的效率损失，并且最终也不可能找到最优税率，不能达到资源配置的最优化状态。三是政府管理部门的管理水平不高，执行不力。征收排污费应大部分用于污染治理，做到"取之于污染，用之于污染"。实际上我国很多地区存在严重的排污费资金被挪作他用、使用效益不高，甚至无偿使用的问题。

2. 环境税

越来越多的国家开始运用环境税来控制污染。环境税税收手段和其他手段相比，更具成本效益，它能以较小的执行成本取得较大的控制污染的效果，而且环境税可以给公司提供持续不断改进技术、控制污染的动机，并使外部成本内部化，产品的价格可以正确地反映其社会成本。

所谓环境税，是指对一切开发、利用自然资源及环境要素的经济主体按其开发、利用程度征收的一种税。大体分为两类：资源生态税和污染控制税。资源生态税以资源的生态价值为计税依据，目的是补偿资源开发、利用过程中生态价值的损失，为生态保护筹集资金。由于生态价值难以确定，作为替代的方法，资源生态税可以按生态的恢复成本确定其征收额度。污染控制税是对现行排污费的替代。现在环保部门征收的排污费大部分要返还原企业，使其治理污染，但由于相应的约束机制不健全，排污费被挪作他用的问题时有发生。污染控制税可以有效克服排污费的局限，更好地为环境付费，将环境污染的外部性内部化。同时，以税收的形式为环境付费，也符合环境作为公共物品的属性，税收其实就是民众因享用政府提供的环境之类的公共物品而向国家支付的对价。

企业通过环保投资而获得排污费或环境税的减免，实质上也是企业的一种环保投资收益。这将成为企业进行环保投资的动力，也是政府将环保投资产生的正外部性转化为企业收益的一种经济手段。

（五）建立环境会计体系和绿色国民经济核算体系

要使环保投资成为社会资金的投资方向，必须能够准确核算环保投资的收益和成本，使环保投资的各种潜在收益和正外部性效益货币化，并精确核算其成本，这一内在要求催生了环境会计的产生。环境会计是以货币为主要计量单位，以有关环境法律、法规为依据，研究经济发展与环境资源之间的关系，确认、计量与记录环境污染、环境防治、开发、利用的成本与费用，并对企业经营过程中对社会环境的维护和开发形成的效益进行合理计量与报告，综合评估环境绩效及环境活动对企业财务成果影响的一门新兴学科。环境会计分为宏观和微观两个层面，宏观层面与国民经济核算和报告相连，即绿色国民经济核算体系（绿色GNP），微观层面与企业财务会计和报告相连。

我国于20世纪80年代中期开始建立了符合国际通行SNA模式的国民经济核算体系，但这种传统GNP仅仅衡量经济过程中通过交易的产品与服务之总和，它假定任何的货币交易都"增加"社会福利。因此，GNP中包括有损害发展的"虚数"部分，从而造成了它对发展的不真实表达；与此同时，它只反映了增长部分的"数量"，尚无法反映增长部分的"质量"。而"绿色GNP"更能确切地说明增长与发展的数量表达和质量表达的对应关系。绿色GNP是扣除经济发展对自然和人的损害之后的国民生产总值的净值，是建立在以人为本、统筹协调、可持续发展观念之上的，能更真实地衡量经济发展成果的新型国民经济核算体系。

基层政府牺牲环境发展经济、圈占耕地、搞重复建设等行为与地方政府目前的收益渠道和方式有直接关系，我们将环保指标纳入政绩考核体系，建立绿色GNP考核体系，并严格数据公布制度和责任追究制度，使各级政府的环保责任得以强化。

考核干部要设定科学的考核体系，不能只看重项目建设和经济指标，对于项目建设是否经过环保论证，经济发展成果的取得是否科学合理，在考核中也要加以重视，否则必然导致干部只追求经济指标的上升，不重视其他社会效应，如环境污染问题等。因此干部考核体系的设定要按照科学发展观的要求，在考核中既要考虑经济发展指标，也要考虑经济发展的过程；不仅要看一时的效果，更要考察长远社会效益。通过建立绿色GNP核算体系，可以使干部在发展经济的同时自觉重视保护环境，防止环境污染。

如何具体设计绿色 GNP 和绿色 NNP（国民生产净值），国际上正在深入探索，这可以说是一个极为复杂的问题，但现在已经取得了一些研究成果。比较可行的绿色 NNP 计算方法如下。

绿色 NNP= 传统 GNP- 固定资产折旧 - 环境损失 + 环境收益（环境服务）

= 传统 NNP- 环境损失 + 环境收益（环境服务）

环保投资中进行成本、收益核算时，可以多方面参考和借用绿色 GDP 的核算方法，并在此基础上进行创新，从而做出科学决策。

（六）促进消费者和非政府环境保护组织的监督

教育和引导消费者的环保观念，让消费者来决定企业的生存。因为企业的产品一旦进入市场，必然和消费者发生联系，而教育消费者多购买环保产品，必然促使企业改善生产环境，进行清洁生产，减少污染。这就要求消费者一方面坚决不购买非环保产品，从而杜绝非环保产品的生产；另一方面要求消费者对受到的环境污染损害坚决索赔。

企业不重视环保投资，很重要的一个原因是因为污染环境几乎是无代价、无成本的，因为大多数情况下污染受害者没有要求补偿，环境污染的负外部性没有被货币化成为企业的成本。而污染受害者不能向污染者有效索赔的原因是个体索赔的成本高于得益。但是，如果把所有的受害者当作一个整体来考虑，则索赔的收益又将高于成本。这显然是一个理想的结果，但问题的关键是，如何协调众多受害者的行动，尤其是当受害者无法确认或受害者无法沟通时。如果能在全社会范围内普遍建立各种非政府的环境保护组织，就可能把许多微不足道的个体力量汇聚成强大的环境保护力量，再由他们协调并代表众多特定污染受害者的群体利益，专门从事污染的索赔活动，必将能够有效地限制环境污染，使广大人民群众的整体社会利益得到保障。

因此，促进消费者监督也是使环保投资正外部性得以有效体现的重要方式，可以极大地提高企业环保投资的积极性，使环保投资收益得到货币化体现。

（七）建立科学的环保投资监管体系

1. 建立经济增长和环保数据库以及企业环保信息系统

企业应当建立经济增长和环保数据库，以便能够动态、实时地监督、分析和反馈环保投资实施情况，并及时提出改进措施。这样做有以下三点好处：一是使重点污染源的远程监控能力得以提高，各省均要建立省级重点污染源和地区级重点污染源，同时污水处理厂要购置污染源自动监控设备，层层建立污染源监控数据传输、分析、管理和审核与发布的网络体系；二是通过建立排污费征收管理信息系统，提高对排污费资金收缴情况的动态管理，充分用好排污申报、排污收费软件系统，强化排污申报和排污收费；三是让群众通过互联网对企业环保行为进行有效的监督。

企业还应建立环境管理体系，加入 ISO14000 等国际环境标准认证，接受环境审查，采取全面的环境质量管理，通过将环境因素纳入生产管理不断实现在环境污染上的自我规制。

2. 加强对环保设施的监管

监管主要应从以下两方面着手。①加强对企业治污设施运行的管理。建立和完善健全的环保设施运行监督管理机制，对擅自停转环保设施和偷排污染物的企业采取经济上和行政上的惩罚措施；环保部门要经常对污染物排放实施动态监测，以保证环保投资的使用效果。②提高环保设施的技术含量。其一，要增加对环保技术与设备开发研究方面的投入，研发适合我国经济发展水平的环保实用技术和设备；其二，要采用税收优惠、税收减免等政策手段，鼓励治污企业采技术含量高、治污效果好的环保设施。

3. 法律法规约束与经济手段控制相结合

为建立符合我国当前国情和发展战略要求的环保监测体系，需要科学制定与分解节能减排目标，尤其是在节能减排潜力的分析及标准、规范的制定上。通常需要做到以下三点：一是建立和完善准确的减排监测体系，从而准确核定污染物减排总量；二是建立和完善科学的减排指标体系，实现统一核定、统一采集和统一公布重点污染源排放数据，从而为制定针对性的措施提供科学依据；三是完善环保法律监督体系，不断加强执法力度，做到违法必究甚至严惩，规范和引导正确的环保行为。

要求所有拟建、在建、扩建的企业必须依法严格执行"三同时"制度和环境影响评价制度，对于环保标准达不到要求的项目，坚决不予立项。要求环保部门加强监测，对安全性差、生产工艺落后、资源浪费大、污染严重的石灰窑、小煤矿、土焦、耐火窑等企业坚决关停；对达不到环保要求的企业加大处罚力度，并要求限期整改，直到达到相关部门的环保要求；而对节能、环保的企业则可采取优惠、扶持或奖励措施。

法律手段是解决环境污染问题最常用的手段之一。目前大多数发展中国家广泛采用法律手段。但这种直接的控制不适合处理分散的污染源，比较适合对某一生产过程或行业制定一个最低标准，也适合控制污染源相对集中的地区。公司的污染控制一旦在法律允许的范围内，他们将没有动机继续改善污染状况，所以仅靠单一手段无法完全解决发展中国家的环境问题。

法律手段在污染治理的初级阶段最具优势，但随着污染治理工作的开展，仅靠法律约束就不能解决问题。发展中国家虽然法律制度比较严格，但这些国家的监测能力、管理能力和强制执行能力都比较弱，法律的总体执行成本和效率也要低于经济手段。根据上面的分析可知，治理污染的手段还是应逐步从用法律控制过渡到用经济手段控制。

在经济手段中，非常重要的是要建立合理的垃圾、污水处理价格形成机制。根据"保本微利"原则，垃圾、污水处理价格的征收标准应适当提高，同时加大征收力度，保证治污设备的正常运行，以吸引更多的社会资本进入环保产业。

4. 建立环境审计体系

环境投资资金，特别是政府环保投资，要保证其有效使用，避免违规挪用，必须加强监管，这就使环境审计应运而生。环境审计是为了确保受托环境责任的有效履行，由国家审计机关、内部审计机构和社会审计组织依据环境审计准则对被审计单位受托环境责任履行的公允性、合法性和效益性进行的鉴证。一般认为，环境审计包括环境财务审计、环境合规性审计、环境绩效审计。我国在建立环境会计体系的同时，要保证环境会计资料的真实、可靠，就要对环境治理资金的使用进行强有力的监督，保证其合法、合规地使用，并通过环境绩效审计检查环保资金的使用效果。

加强对环保资金的跟踪管理，保证其专款专用；对环保项目的投资建设要严格执行专业化的可行性论证程序；对环保建设项目要引入投入产出的经济核算机制；对环保设施的建设要积极推行法人责任制；环保资金的运行要引入市场机制。

（八）调整产业结构

我国的经济增长以前主要依赖第一产业，特别是重工业的发展，而环境污染又主要由重工业引起。因此，我们必须依据环境承载能力，科学发展产业，合理布局工业，也就是调整产业结构，下大力气引导和发展服务业，尽量减轻经济增长对环境的影响。

国家要制定好产业发展规划、产业发展政策和产业发展标准，经济发展项目如果能耗高、污染严重或未通过环境评估，必须采取果断措施予以关、停、转产或坚决不允许其开工建设，绝不能将污染严重、能耗高的企业转移到西部地区或经济欠发达地区，努力避免造成新的污染。国家应通过法律的、行政的、经济的等多种途径引导各地经济朝着健康的方向发展。

节约资源，同时实现低代价、高增长的最有效方式调整产业结构。只有依靠科技进步，才能加快产业结构升级的步伐。因此要努力增加科技含量，积极采用高新技术和先进适用技术，加快产品更新换代速度；改造提升传统产业，限制高耗水、高耗能、高耗材行业的扩张；逐步发展循环经济，淘汰落后的工艺和装备及能耗高、污染大、效益低的企业。

　　在制定国民经济和社会发展规划时，要将环境保护的可持续发展战略作为制订计划的指导思想，做好环境保护的总体规划，并将其贯穿到社会发展当中去。一定要将环境保护纳入产业政策之中，鼓励环保产业发展，加大治理力度，使污染物实现达标排放。

　　环境恶化与环保产业化之间存在着负相关关系，即环保产业化程度越高，环境恶化程度就越轻。所以，环保产业化可以防止环境污染，同时也是保护生态的技术保证和物质基础。因此，加快环保产业化的发展，不仅可以带动经济增长，而且可以改善环境质量，从而实现环境改善与经济发展的双赢。

　　污染者也不希望因污染受到声誉上和经济上的双重损失，只是由于技术水平所限、治污成本过高和利益驱动而失去了治污的动机。如果治污成本大大下降，治污技术取得突破性进展，就可以从治理污染中获得收益，甚至变废为宝，污染者自然会在经济利益的激励下主动去治污，根本不必运用外部的力量迫其就范。目前一些新兴的环保产业正在不断壮大，这一点正在逐步得到实现。但是从总体上看，我国污染企业的比例要明显大于发达国家，因为我国的经济还处在发展并不成熟的阶段，多数企业的研发能力比较弱，治污技术还比较落后。所以，现阶段主要依靠企业的科研力量无法实现治污技术上的突破，国家必须承担起这方面的责任，对环保研究和环保产业从政策、资金等方面给予大力支持，促进其快速健康发展，以适应可持续发展的要求。

　　（九）进行环境资源的有偿使用尝试

　　坚持"使用者支付原则"，即谁使用了环境资源，应由谁交纳一定的费用。要改变资源没有价值和无偿利用环境的传统做法。自然资源要有一套价值体系，利用环境要有一套收费标准。价格体系收费标准的确定，既要考虑资源再生、环境修复的成本，又要考虑国家的发展水平，宏观定出一个"可接受"的变动价值标准体系。其定价原则主要有：①对直接消耗的资源采用使用者收费原则；②对间接消耗的资源采用排放或废料收费原则；③对于产品所含的环境资源应征收产品税或收费。在此基础上建立环境资源市场，把环境资源纳入商品经济的运行轨道中来。

　　资源价值体系一旦建立，环保投资的环境效益和社会效益就可以更好地进行货币化体现，投资者会大大表现出环保投资的积极性。

　　（十）建立科学的环保投资决策方法体系

　　由于环保的特殊性，其收益只有在一个较长时期才能体现出来，而且环保投资还具有很大的不确定性和风险性，环保资金的管理需要充分调动管理者的主观能动性和灵活性。要使环保投资取得良好效果，必须科学核算其收益和成本，使其未来的收益得到很好的体现，并通过国家的政策和经济手段使其正外部性体现为货币化收益；同时建立科学的项目成本管理体系，建立环保数据库，进行成本控制和管理。要在各种环保投资项目中选择最优项目，必须建立科学的投资决策体系，传统的净现值方法体系的缺陷我们前面已经谈到，因此怎样建立利用实物期权方法的环保投资项目决策方法体系，成为我们需要重点研究的问题。

环境污染的治理是一个庞大的系统工程，本书仅仅分析了造成环境污染的根源相应的对策。要在发展经济的同时解决环境污染问题，以实现可持续发展的社会目标，必须根据现实情况科学地进行环保投资，系统运用以上对策以及其他方面的措施。因此，中央政府必须制定强有力的政策，逐步改变现行主要由地方政府管辖的环境保护机构来执行环境监管任务的方式，除政府投资外，还需调动全社会的力量以不同方式参与环境污染的治理，调动各种社会资金进行环保投资，以切实保证各种环境问题得到真正的解决。

我们在面临挑战的同时，也面临着机遇。未来的几年将是我国变化最大的几年，政府将致力于发展循环经济，使环境得到切实的改善和提高。中华民族的发展史，从某种意义上来说，就是人与自然环境的关系史。中华民族在创造和改造自然环境的过程中，创造了灿烂的文明，也付出了生态恶化、环境污染的代价。在目前经济社会发展与环境之间的矛盾日益突出的情况下，必须调整发展模式，坚持走可持续发展的道路，大力推进环境保护的进程，不断增加环保投资，并在前进过程中，不断总结经验、发现问题、克服困难，为我国的可持续发展开辟广阔的空间。

第三节　环保产业投资存在的问题

当前我国的环保产业投融资模式，由于是在计划经济体制下逐步形成和发展起来的，其特点是，政府仍是最大的投资主体，在融资的过程中并没有很好地运用市场手段。且与发达国家相比，在环保产业投融资方面，我国还存在着诸多的弊端和缺陷。结合前面的各种因素进行分析，当前我国的环保产业投融资机制还存在以下诸多问题。

一、环保投入严重不足

缺乏资金和多元化投融资体制是我国环保产业面临的最大问题。据国际经验，环境投资在国民生产总值中比例为 1.0%～1.5% 时，可基本控制污染，当该比例为 2%～3% 时，环境才可以得到逐步改善。我国在污染治理和生态保护领域的投资目前仅为 1.2% 左右。我国相比发达国家来说，投入明显不足。

二、投资主体不明确

因为环境保护一直以来是一个公共产品，所以人们一直以为，对于环保产业的发展，更多地应当依赖政府的资金投入，这造成了投资效率低下和投资总量不足的弊病。

在市场经济体制下，企业应是环保投资的主体。但在我国，企业缺乏环保投资的积极性和热情，导致企业将污染防治和环境保护几乎全面推向了政府，政府成为环保事业发展的主体。但事实上，环保投资完全依赖政府，并不能解决所有的事情，甚至会出现效率低下、行动迟缓的现象，污染有可能进一步扩大。发达国家，如美国，在公共设施建设方面，联邦、州和地方政府都是尽自己最大可能，做好筹措资金、规划设计、统筹安排等工作；而相应的企业、商业公司及私人部门，则是在政府的政策和有关部门的引导下，积极地投资于适合企业发展的产业方向。所以，政府能很好地从宏观上把握环保产业的发展，而企业则能有效地在微观层次完成环保产业发展的有关具体任务，这种宏观与微观的结合，非常有效地推动了环保产业的发展。

三、投资效率低下

由于相应的法律法规不完善，加之环保产业的风险程度高等缺点，企业对于环保产业投资缺乏有效的动力。企业对防治污染、保护环境具有内在要求的唯一原因是防止污染、保护环境能够给企业带来经济效益，至少是企业向政府缴纳的排污费应大于其排污设备的购置和运转费。我国企业向政府缴纳排污费的数额要比企业投资治理污染的成本低得多，大约为企业投资治理污染成本的 $1/3\sim1/4$。这造成了企业宁可被罚也不愿购置设备处理污染的局面。这种罚款已不是惩罚性质的收费，而是企业变相地向政府购买污染权。这是由我国环保投融资机制不健全，市场手段运用不足等原因造成的结果。

而在当前，企业缺乏对环保产业的投资信心，环保基础设施资金缺口加大，其根本原因在于市场化机制尚未形成，使外界参与投资出现了瓶颈效应，阻碍了建设资金的投入。这包括以下两方面。①价格体系不完善，价格与价值是脱离的，价格由政府物价部门核准，不是以价值为基准的，不合理的价格机制抑制了资金的流入，因为资本的本性决定了只有可能产生收益的项目才能成为资本追逐的对象。②投资管理体系不健全，政企不分、权限不清、责任不明。政府同时行使两种权利：一方面行使社会行政管理权，具有经济管理职能；另一方面又行使国有资产所有权，具有国有资产经营管理者、出资者的职能。以行政审批为主要特征的传统投资机制没有得到根本改变，市场对资源配置的基础性作用也没有得到充分发挥。如果不进行投融资体制的改革，广开投融资渠道，根据目前的实际状况，我国繁重的环保基础设施建设任务则难以完成。

四、有关环保的法律法规体系不完善

近年来，我国进行了国有企业体制改革，这在很大程度上影响了环境保护的投资。这主要体现在与企业利益密切相关的几个资金来源上，如"三同时"环保投资、更新改造环保投资、环保补助金和综合利用利润留成环保投资。在实行现代企业制度后，企业的自主权会扩大，成本结构也会发生变化，为了实现自身利益最大化，企业可能会采取短期行为，减少对环境保护所必需的投入。同时，由于投资体制改革以后，独立自主自负盈亏的企业主体在进行投资决策时，为追求自身利益最大化，总是倾向于投资经济效益较高的非环保产业，而忽视对环境保护的投资。另一方面，由于目前我国国民经济持续快速发展，因此在改革后的投资体制下必然会出现投资需求过旺的形势。这不仅吸引了大量资金向这些领域流动，拉大了环境保护资金的缺口，而且造成了新的环境问题。与其他领域投资过度膨胀形成鲜明对比的是，环境保护投资严重不足，甚至有时为了弥补其他固定资产投资的资金不足而发生环境保护资金"转嫁"的现象。

第四节　环保产业投资来源与模式

一、环保投资来源渠道

从前面的分析我们已经看出，环保投资总量不足和环保投资质量低下，已经成为制约我国环境保护发展的瓶颈。尽管我国从"七五"以来持续加大对环保事业的投入，但环保投资总额的70%是各级政府或公共资金的投入，所以我国的环保投资来源渠道单一，以政府投入为主。但目前我国的环境保护投资机制发生了可喜的结构性变革：多种来源渠道代替了单一的筹资渠道，多元化的投资主体代替了单一的投资主体。

（一）我国环保投资的主要来源渠道

我国目前环保资金的来源渠道主要有以下几个方面。

1. 来自国家财政的拨款

目前财政拨款仍是环保投资的主渠道，环境保护投资总额的70%仍然是各级政府或公共资金的投入。最主要的环保投资渠道包括基本建设资金、城市维护费、更新改造资金。由于我国的环保投资机制总体上延续了计划经济体制，再加

上环保主要支出于一些公共产品或准公共产品，大多属于非排他性、非竞争性和没有直接收益的，因此政府承担了环境保护责任及投资。因为环境保护投入所产出的主要效应是社会公共收益，所以这一特征决定了环保投资的主渠道仍是国家和地方财政的公共投资。

2. 利用外资

环境治理中的外资主要包括国外直接投资（FDI）和国际金融机构贷款。外资主要来自国际金融组织，包括亚洲开发银行、世界银行、全球环境基金、有关政府及组织的赠款和软贷款。江苏、上海、北京、内蒙古、重庆等地，利用外资进行环保建设较为成功。20世纪80年代后期，我国开始通过BOT、ABS、TOT等项目融资模式借鉴国外先进的管理经验和技术。

3. 股票筹资

目前股票筹集逐渐成为环保投资的来源之一。我国的环保市场正在不断扩大，逐渐形成环保产业，已经有与环境保护有关的上市企业在上交所和深交所的股票交易市场上筹集资金。但环保上市企业得到投资者的认可较难，因为环保基础设施企业的收益率较低，且这类企业以生产环保设备为主。

4. 银行贷款

环保企业间接融资的主要途径是银行贷款。尽管国家采取了利率补贴和其他优惠政策，但是总体来说，环保企业取得贷款还是很艰难的。因为环保产业产出效益低、投资周期长、风险较高，且规模较小，最困难的是那些非公有制的中小环保企业，所以实际上环保投资中的银行贷款的数量增长一直比较缓慢。

5. 债券筹资

我国的债券筹资形式与国外不同，西方国家主要采用市政债券，而我国主要采用国债形式。

6. 排污收费

1979年我国在借鉴西方经验的基础上，在"污染者承担责任"原则指导下，率先在苏州市进行试点并相继在全国实行了排污费收费制度。我国排污收费标准，主要针对废气、废水、废渣、噪声和放射性等方面。截至2015年，我国排污费年收入约178亿，征收企业约27万个，覆盖全国73%的工业企业。

从以上投资来源渠道的分析可以看出，目前我国的环保投资主要有两个主体，一个是政府，另一个是企业。政府通过征收税费、发行国债等方式筹集资金投资于环境保护和治理；企业主要通过利用自身积累，发行股票、债券，从银行贷款或利用外资等方式筹集环保资金。随着国有企业体制改革和现代企业制度的建立，企业成为环保投资主体的格局正在形成。

我国的财力有限，因此，既想经济高速发展，又希望有大量资金投入环保是不可能的。所以仅依靠国家财政不可能阻止环境整体恶化的势头，必须寻求其他资金来源，形成环保投资的多元化筹资渠道。中国目前的环保投资主要是国家垄断性行业，我们必须将环保投资领域向社会开放，吸引广大国内社会资金的有效介入，同时建立一套具有可操作性的、严格规范的管理模式。除了国内资金，我们还应按照市场经济的要求实行对外开放，吸引广大的国外资金，为环保投资广辟财源。

（二）培育环保金融市场

我们应大力多渠道增加环保投资，培育环保金融市场，建立多元化的融资渠道。

1. 建立环保金融组织

我们可以尝试建立中国环保银行、中国环保基金会和多层次的环保投资公司等来创建环保金融组织。

环保银行可办成股份制银行，政府部门、商业银行、企业及个人均可拥有一定的股份。环保银行贷款与投资的项目应包括：水资源保护；治理大气污染和处理垃圾；有效地使用燃料和能源；保护环境和自然资源设备的生产；为绿色环保项目提供投资咨询业务；其他各项环保产业等。环保银行负责环保项目的贷款和投资，为环保项目筹集资金，不断扩大环保项目的投资额，特别是提供优惠的贷款（贷款利率应比其他商业银行的低、还贷期要尽量长）。这是为了体现环保的社会效益和环境效益，体现环保事业的正外部性。

环境保护基金会应把环保基金的增长引进市场经济体制，使环境保护与经济效益结合起来。环保基金会不仅要保护与管理自然资源，还应积极争取国际金融组织、外国政府的援助，争取以优惠的利率提供环保贷款补助，提供给地方政府的环保项目的贷款争取走优惠贷款体系，同时负责支持环保项目技术的开发与引进。

环境保护基金的规模应大小适中，可以根据项目建设及运营本身所需的最低资金量来确定。不要规模过小，以免影响项目正常的资金借贷活动；但也不要规模过大，否则会降低资金的使用效率，使基金投资人的收益水平下降，导致未来投资基金的积极性下降。因此，基金的规模必须适当。各种环保投资基金的最高权力机构是基金持有人大会，采用在工商管理局注册的公司制形式。环保投资基金的构成可由政府财政资金、环保产业项目相关的法人资金、居民个人投资三方组成。

环保投资公司是管好、用好环保基金的客观需要，是环境保护金融机构的理想组织形式，有利于环保基金集中管理和有偿使用。环保投资公司除将环境污染治理项目作为环保基金主要的投资外，还应将支持环保产业发展和环保科技研究与开发等内容列入基金投资范围。

2.政府环保财政预核算制度

政府的投入必须首先保证投资的社会效益，因此政府只投资基础性的环保项目。同时，政府作为经济主体，必须对资金投入作成本效益评价比较。这就需要建立政府环保财政预核算制度，从而可以对环保投入产出和成本效益进行核算。具体的环境保护财政支出科目包括：环境监测、环境管理、环境规划、环境信息、环境标准、环境科学研究、环境宣传与教育、支持解决重大环境问题关键技术的攻关和示范、推广应用等。在中央和地方财政支出预算科目中建立环保财政支出预核算科目，可以稳步并有效率地提高国家的环保投资。

3.各种政策试点融资

刘征兵建议，政策试点融资是地方政府应努力争取的，如可以在开征环境税、发行绿色债券和发行环保彩票等方面争取国家的支持进行政策试点。德国等西方国家的环保彩票已广泛发行。环境税和发行绿色债券目前已成为欧美地区，特别是北欧地区环境保护融资的极为重要和稳定的筹资渠道。

4.绿色税收和绿色收费

可以制定绿色税收和绿色收费等环境税收政策，促进经济发展和环境保护投资。①可以允许环保企业加速资产折旧并给予税收优惠。可以允许污染治理企业、清洁能源企业、环保示范工程项目以及环境公用设施对经营环境公用设施的企业加速资产折旧，同时在征收增值税、营业税和城市维护建设税方面给予优惠。②通过税收奖励制度促进环保项目的开发和应用。比如，利用财政拨款、排污费资金或专项环保资金对环保产业和有明显污染消减的技术改造项目及其他清洁生产技术项目进行贴息，或者免征营业税，对经营环境公共产品的企业实行税前还贷还债，对投资环境基础设施建设给予鼓励。③征收排污费，体现"谁污染谁付费"的原则。排污费取消无偿返还政策，统一按照预算内资金使用管理，中央财政适当交给环保部门一定比例的排污费资金，供其使用，同时保证社会环保资金投向最合适的领域。④选择注重环保的外商进行合作。国家对选择绿色外贸导向型产品给予信贷和税收优惠。鼓励绿色产品出口，通过减征消费税和关税鼓励清洁能源、清洁汽车以及获得环境标志的产品出口；通过减征进口关税，鼓励国内尚不能生产的环境监测仪器、污染治理设备以及环境无害化技术等产品的进口。以上措施可以使部分环保投资的正外部性体现为收益，可以增加环保投资的积极性。

5.资金证券化回购

可以尝试资产证券化回购的筹资方式，把政府现有的环保设施出售给私营部门，通过资产变现，实现政府环保投资的滚动发展，形成良性循环机制。

利用环保投资，必须打破"公共产品就应由公共财政承担"的习惯思维，并建立相对应的投资回报补偿机制。在兼顾经济效益的前提下，坚持环保优先的原则。因为如果政策不合理，就算再多的环保投资也难以取得实质性的成效。

（三）我国环保投资资金来源模式比较

良好的生态环境能持续支撑经济增长和社会进步。加大环境保护的投入力度必须选择合理的投资来源渠道。不断改善投资来源结构无疑具有重要意义。

1. 排污费来源模式与环境税来源模式

几十年来，排污收费制度一直是我国所坚持的，而西方国家则主要采用环境税的方式。通过对比可以清楚地看到，排污费的征收无论规范性还是权威性，均不如环境税严肃；同时排污费征收范围狭窄，而环境税则范围广阔的多。很多国家在实施环境税后取得了显著的效益。比如，瑞典在实施环境税一年后，仅二氧化硫排放量就降低了 26%。美国从 20 世纪 70 年代实施环境税以来，二氧化碳排放量、一氧化碳排放量、悬浮颗粒物也都大幅度减少。在环境税收政策实施较好的芬兰，其纸浆、纸张生产量在 20 世纪 70 年代初的水平上翻了一番，排放污染物却减少了 95%，二氧化碳的排放量已从 20 世纪 80 年代的每年 60 万吨减少到现今的几万吨。

通过比较可以看出，环境税相对于排污费，在使用范围、权威性、表现方式等多方面具有优越性，因此，笔者认为，我国实行将排污费逐步过渡到环境税，这样的环保资金来源更具有法律方面的保障。

2. 债权来源模式与股权来源模式

长期以来，我国环保资金主要依赖债权融资和国家划拨，尤其依靠发行国债。与此同时，国际贷款也占了相当比重。以债权为主的来源模式存在集中性高和可控性好的优点，但是也存在一些问题。比如，资金分配主要靠行政手段，根本无法发挥市场机制对资源配置的有效作用，而且有的地方政府向中央"寻租"，通过各种"灰色"手段争取项目和投资。

股权来源模式的优点是，可以集中社会闲散资金进入环保领域。因为其筹资具有资金来源的分散性、筹资直接性和筹资者的自主性的特点，所以随着我国环境治理的产业化，环保投资越来越强调成本效益的核算，股权来源模式对增强环保企业自身发展潜力，促进企业的良性循环，促进产业发展无疑起到至关重要的作用。

因而，在不同的领域可以使用不同的资金来源模式。

在工业污染领域，以债权来源模式为主。①发行形式多样的债券，如发行城市环境基础设施建设专项国债，同时可使专项国债实现市场化运作。明确发行主体和借债人，明确三方的责权利关系（中央政府、地方政府、项目单位）。②把国债的一部分改造为市政债券，主要投资于城市基础设施项目，因为不论这些项目投资回报高还是不高，但利润稳定可靠。政府的有限财政资金则用于城市公益项目，因为这些项目回报率较低。

在城市污染治理领域，以股权来源模式为主。①股票市场融资。在上市公司的审批上，国家应给予优惠政策，鼓励环保企业上市，加快上市速度，增强环保筹资能力，实现企业资本的筹集和扩张。同时推荐一些效益好、规模大的环保企业上市。②创业板市场融资。我国的环保产业发展还不成熟，大多数环保企业都是中小型规模，但多具有高科技题材且有良好的发展前景，因而具有较高的投资价值。这些环保企业可以充分利用创业板市场，筹集到大量所需要的资金。

3.市场来源为主模式与政府来源为主模式

环保资金实际需求大，但环保基金却积累过慢且来源有限，针对此尖锐矛盾，我国学者智者见智，仁者见仁，提出了各自不同的看法。部分学者认为应顺应世界潮流，建立环保市场化理念，最有效的办法是逐步将政策性投资转为商业化投资和经营性投资。在英国、法国、韩国、波兰等国家，超过55%的环保投资来自私营部门，而不是国家财政，有的国家这个比例甚至超过70%。但也有部分学者认为，环保投资应该来源于国家财政。因为环保是公共事业，其责任主体太多或难以判别，加之其公益性很强，存在很多没有投资回报或投资回报率小的领域，如区域环境污染治理、生态环境建设与保护、环境管理能力建设、国际履约、城市管网建设等，对社会资金缺乏吸引力，客观上要求政府发挥主导投资作用。即使在垃圾处理和城市生活污水供热供气等领域，尽管社会资金愿意投入，但最终承担运营费用和投资的仍是使用者和政府。社会资金介入只是让政府和使用者先享受设施服务，随后再逐步分期偿还费用。所以最终还是以国家政府投资为主。

笔者认为，由于环境产品的公共性，政府投资不可避免。但由于政府投资的有限性，以及单纯政府投资的低效率运作，所以随着市场经济的发展，环境监测能力的提高，资源产权的进一步明确，社会资金的比重必然越来越大，最终必然会过渡到以市场来源为主，并越来越强调投资收益及重视投资的科学决策。

二、环保投资模式研究

目前，我国环境保护与治理项目（如污水处理工程、给水工程、废气净化处理工程和固体废弃物处理工程等）主要的投资模式有三种。①BOT模式，是通过项目融资的方式。由于社会发展和政策的变化，经历过两个不同的阶段：一是固定回报率方式的BOT项目；二是市场价格方式的BOT项目。②通过收购与合并等资产重组的方式，控股、参股目标企业。③采取新设公司的方式，控股、参股目标企业。

（一）我国的环保投资政策

2001 年 12 月，原国家计委发布《关于促进和引导民间投资的若干意见》，明确提出，要逐步放宽民间投资领域，鼓励和引导民间投资以独资、合作、联营、参股、特许经营等方式，参与经营性的基础设施和公益事业项目建设。《关于促进和引导民间投资的若干意见》还指出，国家要积极创造条件，尽快建立公共产品的合理价格、税收机制，在政府的宏观调控下，鼓励和引导民间投资参与供水、污水和垃圾处理、道路、桥梁等城市基础设施建设。该文件允许民间资本进入环保产业的规定，打破了一直禁止民间投资进入城市基础设施建设领域的这块坚冰，极大地调动了民间资本进入环保投资领域的积极性。

2002 年 3 月 4 日，在原国家计委公布的新的《外商投资产业指导目录》中，原禁止外商授资的电信和燃气、热力、供排水等城市管网首次被列为对外开放领域，这就使对供排水城市管网垂慕已久的外资环保企业终于梦想成真。

根据财政部、国家税务总局（财税字〔1994〕001 号）"企业利用废水、废气、废渣等废弃物为主要原料进行生产的，可在五年内减征或者免征企业所得税"的规定，经向地方税务机关批准后，环保企业从实际支付收购价款之日起，五年内免征企业所得税。

（二）我国的环保投资模式

1. 收购模式

（1）收购的概念

环保投资收购模式主要是投资方对环保项目进行收购，通过参股或控股的方式，获得运营权、所有权和利益分享权。

收购是指通过与另一个公司的股东会或股东签署协议对另一个公司进行部分经营性财产收购、部分参股收购、某些营业性权益购入及整体购入的行为。其中整体收购是指同时合并，或者是不改变公司实体，使其成为子公司的行为，或通过证券市场购入另一个公司发行的股票从而达到控股地位，使另一个公司成为子公司。

（2）收购的形式

根据公司收购的内容分类，可将公司收购分为营业收入的收购、经营性资产的收购及股份的收购。

根据公司收购的交易途径分类，可将其分为公开收购和协议收购。

上市公司目前主要采取收购的模式进行环保项目的投资，采取新设公司的方式及收购或合并等资产重组方式投资环保项目的有原水股份、首创股份、武汉控股、漳州发展、钱江水利、天津泰达、南海发展等多家上市公司。由于上市公司要求当年有一个稳定的投资回报并且经营业绩良好，而 BOT 项目潜在风险较大，因此上市公司对 BOT 环保项目表现出谨慎的态度，只有清华同方、环保股份、创业环保、武汉凯迪、粤华电、清华紫光、杭钢股份等上市公司通过 BOT 的模式投资于环保项目。

（3）新设公司的模式

1）基本形式

新设公司的模式是指两个以上的投资人以货币资产和实物资产来共同出资成立一家新的公司，可以是合资公司或合作企业，也可以是股份有限公司和有限责任公司。前两者的法律依据是《中华人民共和国中外合资经营企业法》和《中华人民共和国中外合作经营企业法》，后两者的法律依据则是《中华人民共和国公司法》。

2）合作形式

合作是企业设立的方式，它不是中国法人，是按契约的方式设立的公司。如北京城建三建设工程有限公司与德国柏林水务国际股份公司合作成立中德合作公司，为兴建南昌青山湖污水处理厂共同投资 2.9 亿元人民币，合作公司还将通过贷款方式对注册资本与投资总额间的差额进行融资。中德合作公司主要负责南昌青山湖污水处理厂的工程总承包、投资合作等事宜。该合作公司根据与南昌市公用事业局的特许权协议，将参照 BOT 方式对污水处理厂经营 20 年后再移交南昌市公用事业局。

3）合资形式

合资也是企业设立的方式。与合作相比，它主要是指中外合资企业的法律形式，它是中国法人，受中国相关法律的保护。

（4）合并模式

1）合并的概念

公司的合并是指两个或两个以下的公司通过签署协议设立一新公司，新公司成立而各参加公司解散的行为或某一个公司将其他公司通过企业整体的买卖或股票交换等方式并入本公司，该公司续存而其他公司解散。

2）合并的形式

①新设合并，也称新建合并或创设合并。它的特点如下：第一，不需要清算；第二，新设公司由各加入公司共同组建；第三，加入公司的各股东经交换取得或直接取得新设公司的价金给付或股份；第四，新设公司的成立与加入公司的解散同时发生。

②吸收合并，也被称为接收式合并或吞并式合并。它的特点如下：第一，转让公司因为合并而解散消亡；第二，转让公司的解散不必经过清算程序；第三，接收公司是原已存在的公司。另外，兼并不是法律术语，兼并是合并的一种，即吸收合并。

2. BOT 模式

BOT 是一种在发展中国家得到广泛应用的新型的工程项目融资和建设方式。BOT（Building-Operate-Transfer）是指建设—运营—移交，指国际项目公司与东道国政府签订合同，项目公司自己筹资、开发和建设公共工程和基础设施项目，但在项目建成后，项目公司拥有 15～20 年的经营期限，在此期间可以收回其对该项目的投资及其他合理的服务费用等。当经营期限届满时，东道国政府无偿收回项目设施。

（1）固定回报率项目

固定回报率类项目主要由外资企业操作。这种模式是我国在特定条件下，为了吸引外资，由各地方政府采取的一种不符合市场规律的投资模式。这种模式中 BOT 项目的投资回报率是固定的，不随市场的变化而变化，现在已被国家禁止。

国家对固定回报项目的政策变化经历了以下过程。

1998 年 9 月，各地根据《国务院关于加强外汇外债管理开展外汇外债检查的通知》（国发〔1998〕31 号）陆续开展了纠正和清理外方投资固定回报项目的工作。

2001 年 4 月，《国务院关于进一步加强和改进外汇收支管理的通知》（国发〔2001〕10 号）规定，对现有保证外方固定回报项目，由国家计委牵头，会同外经贸部、国家外汇管理局提出处理意见报国务院。各地开始加强利用外资和境外投资外汇管理，严禁新批保证外方固定回报项目。

2002 年 9 月 10 日，国务院办公厅签发的《国务院办公厅关于妥善处理现有保证外方投资固定回报项目有关问题的通知》（国办发〔2002〕43 号），对不同类型的固定回报项目，提出了不同的处理方式：①对于项目亏损或收益不足，未向外方支付原承诺的投资回报，或者经常用项目外资金支付外方部分或大部分投资回报的项目，可以根据具体情况采取"购""改""转""撤"等方式进行处理；②对于那些以项目自身收益支付外方投资固定回报的项目，中外各方可以充分协商，并在此基础上修改合同或协议，取消固定回报方式，改用提前回收投资等合法的收益分配形式。

由此明确了对现有固定回撤项目的处理办法，即为了维护我国吸引外资的良好环境，按照《中华人民共和国中外合作经营企业法》《中华人民共和国中外合资经营企业法》及其他相关政策规定，从有利于项目正常经营和地方经济发展出发，坚持中外双方利益共享、平等互利、风险共担的原则，各方充分协商，有关地方政府及项目主管部门根据项目实施的具体情况，采取有效方式纠正过去的固定回报项目。

（2）由市场定价的 BOT 模式

由市场定价的 BOT 模式是按照市场价格的原则确立投资回报率，我国目前环保 BOT 项目主要投资方包括上市公司、民营企业、外国企业。我们可以对三方的投资进行一下比较研究，国内上市公司的 BOT 项目市场主要集中在大中城市，如天津市咸阳路污水处理厂、武汉汤逊湖污水处理厂、北仓污水处理厂、纪庄子污水处理厂扩建项目等，一般是由项目公司的发起人提供贷款担保，融资贷款主要从国内银行取得，其业务主要是排水。国内非上市公司的 BOT 市场主要集中在小城市，如荆门夏家湾污水处理厂、广东省新会市东郊污水处理厂，一般是由项目发起人提供担保，贷款融资主要从地方银行取得，其业务主要是排水。而外国企业的 BOT 项目市场主要集中在中国的特大型城市，如日本三菱株式会社和英国安格利安水务公司以 BOT 模式投资的北京第十水厂、英国泰晤士水务以 BOT 模式投资的上海大场水厂、日本丸红株式会社和法国威望迪水务集团以 BOT 模式投资成都的水厂，通常由中国政府为其提供担保，融资主要通过跨国银行或国际财团取得，其业务主要面向供水行业。可以看到，外资企业偏爱投资供水项目，这是因为在现行的政策下，在行业发展刚刚与市场接轨的时期，供水行业的风险较排水行业要小；同时供水行业的经营管理比排水行业要简单得多；而且目前污水的收费率远远低于供水行业。但是国内上市公司和非上市公司却将 BOT 项目集中在排水行业，这是因为排水项目较供水项目多，进入市场又相对容易，同时国内企业的资金规模较小，排水行业所投项目的收益往往能够得到地方政府的承诺和保证。

（3）ABS 模式

1994 年亚洲英雄公司在中国首次发行资产担保证券，总额达 1.1 亿美元，自此以后，我国多次发行了 ABS（资产支持证券）。我国第一个 ABS 证券化融资方案是于 1998 年 4 月 13 日首先在重庆市进行的，主要以获得国际融资为目的。ABS 模式的核心是对金融资产中的收益和风险要素重组与分离，进行更为有效的定价和重新配置，参与各方均能获得收益。

（4）BOT 模式的衍生形式

BOT 模式的衍生形式主要有 BT、BOO、BOOT、TOT 等几种。BT 模式，指投资、转让；BOO 模式，指建设、拥有和经营；BOOT 模式，指建设、拥有、经营和转让。其中，比较常见的是 TOT 模式，指转让—运营—转让。采用 BOT 模式，侧重于引入增量；采用 TOT 模式，侧重于盘活存量，TOT 方式主要通过转让经营权吸引外部资金。

总体来说，上述这些投资模式核心目标都是为了在降低风险的基础上最大限度地获得投资所需资金，只是方式选择有异而已。因而，单纯强调孰优孰劣并没有实质性意义，而如何在一种方式内部加以完善则是真正需要思考的问题。因而，笔者提出以下观点。①TOT 模式可以依据项目特点有选择地使用。因为 TOT 模式涉及环节少，相应的一些附属费用也会减少，而投资成本的有效降低有利于产品价格的降低，加之 TOT 模式不包括建设期间的项目风险，因而风险大大降低。② ABS 投资模式可以降低投资者的投资风险，有效实现了项目经营权与所有权的分离，也降低了投资成本。但受到我国信用等级评估制度、证券发行制度、会计制度的制约，建议在我国环保投资中应当慎用。③ BOT 模式在我国运用的时间最长、实例最多、范围最广、经验也最丰富，不能因为其运用中出现的个别问题而予以否定，应通过立法使之完善，在环保项目投资时加以推广，以提高项目建设的成功率。

（三）现有环保投资模式比较

我们首先要分清以上的几个概念，需要注意的是合并与收购是企业资产运作的过程，是资产重组的方式；而新设、合作与合资则是企业所呈现的法律形态，主要是指企业设立的方式。尽管它们所依据的法律不同，但有时又是合一的。

下面讨论一下前面论述的几种模式的联系与区别、优点与缺点。

1. 收购和合并模式

（1）优点

第一，经营机制灵活，并且有再次谈判与要价的可能。

第二，通常谈判周期较短，并且近期有较为稳定的现金流。

第三，这种模式的合作一般基于双方自愿进行谈判，竞争者很难介入。由于谈判过程隐蔽，所以竞争者介入的市场壁垒较高。

第四，合作双方可以优势互补，降低经营风险。

（2）缺点

第一，资金占用往往比较大。比如按 51% 控股，就得实投与持股比例相当的资金。

第二，运营期间风险较大。由于双方是合资经营，虽然在理论上形成了利益共享、风险共担的机制。但由于一方偏好利益共享时，在实际运作中，尤其是在企业经营不好的时候，很容易出现另一投资者缺失的情况。

2. BOT 模式

（1）优点

第一，项目运营期间收益稳定，风险小。因为 BOT 项目的收益是由特许合约规定的，不确定因素的干扰少，只要双方履行合约，利益是可以得到保证的。

第二，投资少，可以利用资本的杠杆作用，用较少的资金投资较多的项目。因为 BOT 项目按项目资本金制度的要求，只需按总投资的 30% 注册项目公司，假设 51% 控股，则投资方投资的资金仅占项目总投资的 15.3%。

第三，促进环保产业的发展和完善。传统的观点为，环境是一种公共产品，我国的环保产业是在计划经济体制下逐步形成和发展起来的，一直把环境保护看作政府的职责，环保基础设施只能作为公益事业来经营，不谈经济效益，只讲究环境效益和社会效益。然而环境问题日益突出、政府的投入有限，这项公共事业越来越落后。采用 BOT 模式，使环保产业接受市场机制和经济杠杆的调控，鼓励其参与市场竞争，使之成为一项经济活动，变无偿服务为有偿服务，从而在很短的时间内建成并运行大量的环境基础设施，提高污染治理率，遏制环境恶化的进程。

第四，透明度高，大多采取公开招标的形式。

第五，可以提高我国环保装备水平。因为按照特许权协议，在合同期满后项目应移交给政府，为了保证移交后项目的正常运营，BOT 项目在建设运营时其先进的管理经验和技术必须毫无保留地转让给政府，所以 BOT 模式实现了技术和资金引进相结合，便于我们跟上国际环保先进技术和装备的发展步伐。移交后，还可以通过逐步建立技术引进、消化吸收、自主开发的运行机制，使我国环保技术装备水平得以大大提高。

第六，可以缓解环保建设资金不足的状况。BOT 模式可以缓解国家对环保设施建设投入资金不足的状况，因为其直接利用国际和国内商业资本投资和经营，将环保公用事业产业化，吸纳国外的民间资金用于建设环保公用设施。另外，东道国政府为节约项目建设投资和运行费用、建设和运行成本，可通过招标引入合理的竞争机制，企业化运作 BOT 项目。

第七，可以促进具有国际竞争力的环保集团的产生。BOT 融资方式鼓励外资进入环保投资领域，引入国际竞争，改变国内环保产业的生存环境，刺激环保产业引进先进的技术和管理经验，调整产业结构，转换经营机制，并逐步建立现代企业制度。企业主体可以通过上市、兼并、联合、重组等形式，以市场为导向，充分利用产业结构调整的有利时机，迅速成为环保骨干企业和环保产业优势企业，并组建环保企业集团，成为环保企业"航空母舰"。

（2）缺点

第一，BOT 模式比收购、合并模式的项目谈判周期长。这是因为，BOT 项目本身就比较复杂，正常的谈判周期就长，再加上有些地方政府的办事效率低下，更拉长了 BOT 项目的谈判周期，项目的进程往往被延缓，常常导致无法在近期获得投资收益。所以 BOT 模式只适合对近期现金流量要求不高和资金雄厚的企业。

第二，项目涉及面广。BOT 项目包括与政府的特许合约谈判、与银行的融资谈判及与供应商的谈判等，任何一方稍有不慎，都可能会因考虑不周使自身利益受到损害。

3. 杠杆收购

杠杆收购（Leveraged Buy-Out）是指运用财务杠杆的一种资本运营活动，即当一个公司进行资产重组和结构调整时，主要通过借款筹集资金进行收购。国内目前尚没有一家公司采用这种模式投资环保项目，但不表示未来也没有，所以我们仍有必要研究这种特殊的收购模式。

一般收购中的负债主要由收购方的资金或其他资产偿还，而杠杆收购与BOT 有相似之处，它的负债主要靠有选择地出售一些原有资产及被收购企业今后产生的经营效益来偿还，投资者的资金只占很小的部分，通常为 10%～30%。

杠杆收购的特点主要表现在以下方面。①收购者收购目标企业主要依赖较大金额的银行贷款，自身只需要投入少量的自有资金。②高比例的负债往往给投资者、经营者以鞭策，使其努力改善经营管理，提高自身的经济效益。③由于利息支出可在税前扣除，杠杆收购可以取得纳税利益，同时购进企业以前的亏损，可递延冲抵收购后的盈利，杠杆收购项目可再次获得纳税利益。

要恰当地运用杠杆收购，必须科学选择策略方式，结合本公司情况对目标公司盈利能力、产业环境、资产构成与利用等情况进行充分分析，合理控制筹资风险，同时优化各种资源配置，实现资本最大化保值增值。

BOT 模式，收购、合并模式和杠杆收购模式各有其独特的特点，环保投资者必须根据自身的情况和项目的特点，选择最适合自身的投资模式。

第七章　环保产业发展模式及市场化发展建议

第一节　环保产业的发展模式

一、选择性市场化运营模式

环保产业的发展是经济增长方式转型、产业生态化的重要组成部分。虽然环保产业的产生和发展在很大程度上依赖环境政策的选择和引导，但从整个社会发展历程来看，环保产业的产生是社会分工细化的必然结果，是经济、社会发展到一定程度的产业链条的延伸和扩展。从这个角度来看，环保产业有其走向市场化运营的必然性。

环保产业涉及的领域广，包括从事末端治理生产环保产品、生产洁净产品、环境服务、资源综合利用和保护自然生态环境。针对不同的环保产业部门，笔者认为笼统地将环保产业推向市场，采取市场化运营的模式是不负责也不现实的。可以根据环保产业自身的产业分类，采取不同程度的市场化运营模式。自然生态保护型环保产业主要指从事改善生态环境及保护生态环境不会进一步恶化的各种经营活动，提供的产品是优质生态环境，是典型的公共物品。自然生态保护型环保产业的发展主要依靠政府投入，产出物的消费具有不可分割性和非排他性特点，因此，基本上不具备市场化的条件。除去此类不能也无法市场化、完全需要政府承担的部分之外，环保基础设施在我国目前的情况下也无法推行完全的市场化。环保基础设施若完全由政府承担，需要强大的经济基础和高素质的公众环境意识，政府需要有完善的税收体制和法律体制才能够运行。我国目前没有这些基本的条件，也在走着一条环保基础设施由政府负担的路线，显得十分吃力。如果将这部分完全推向市场化，但由于技术水平、资金等因素却难以实现。因此，比较可行的办法是将环保基础设施部分引入市场机制，但不主张完全市场化。也就是说，政府在环保基础设施领域仍是投资的主体，但设施运营可以走市场化模式，通过经营权转让的形式，如 BOT 模式，即政府授予私营企业一定期限的特许经营权，允许其融资建设和经营特定的公用基础设施，并准许其通过向用户收取费用或出售产品以清偿贷款，回收投资并赚取利润。特许权期限届满时，该基础设施无偿移交给政府，通过这种形式尽快形成有一定数量和规模的环保设施运营专业化公司，从而实现高质量的服务和高质量的环境，实现环保基础设施经营专业化和市场化。这种方式在我国进行公路建设时期，也曾被使用过并取得了很好的经济效果和社会效果。

环保产品、环境服务、环境咨询这类行业本身就是市场化的产物，离开市场就难以进行，应该大力推广产业化经营模式，尽可能地利用市场自身的规律来调控这些行业的发展。而目前，环境咨询、环境研究、环境工程的可行性评估等都是我国环保领域的薄弱环节，直接影响了我国环境服务市场化的速度，从这个角度看，加速环境咨询业的市场化能够推动整个环保产业市场化运营的速度。

在推行环保产业市场化运营的过程中，政府要转变直接生产、经营环保产品和服务的模式。政府的工作应集中在决策把握、监督管理、协调引导等宏观处理上，而具体的产品生产和服务交由企业，根据市场规律生产和销售。环保基础设施问题上，可以采取环保设施管理部门企业化运营和以租赁或者授权合同委托给私人公司运营两种模式。环保设施管理部门要改革现有的事业单位管理的模式，不能以只有投入没有产出为经营特点，要实行一定的财政补贴目标下的自负盈亏管理。针对现在环保设施管理部门技术能力有限、人力资本匮乏的现状，可以通过合同吸引私人企业参与运营管理，依靠私营企业或部门的高效管理和技术，使环保基础设施正常运转。如此一来不仅有助于缩小政府规模，降低政府成本而且可以提高公共服务的质量、效率和水平。

根据环保产业的分类特点，将可以面向市场的行业尽可能地推向市场，通过市场机制调整产业的产品结构，优化产业结构。对于需要政企合作的行业，政府避免直接干预或参与生产、经营行为，而是保持投资主体不变的情况下，经营模式市场化，大胆吸引私营企业的资金、技术和管理经验。对于必须由政府独自承担并亲自实施环境保护行为的部分，应加大环境保护投资力度，提高环境保护意识，扩大宣传教育，调整国民经济结构，减少对自然资源的利用和破坏。

总之，将市场机制与政府调控机制有机地结合起来，逐渐实现环保产业结构优化和环保产业布局合理化，使环保产业的规模扩大、比例协调、发展水平和经济效益持续提高，使环保产业能够快速、有效和持续发展。

二、技术引进与消化创新模式

我国目前在大型城市污水处理、垃圾焚烧发电方面，基本已具备自行设计、制造关键设备及成套设备的能力；工业一般废水的治理技术、工业消烟除尘技术和工业废渣的综合利用技术等已达到当代国际先进水平，但信息咨询服务的规模和技术手段与国际先进水平具有较大差距；环保基础设施建设所需的一些单项或成套综合技术还不过关；解决高浓度、难降解工业有机废水、脱硫、酸沉降、固体废弃物资源综合利用的产品和设备基本依靠进口；饮用水源保护、环境污染及自然资源破坏的恢复技术都远低于国际水平。

长期依赖进口产品和设备一方面需要大量的资金，另一方面也不利于我国环保产业的长久发展。产业的发展离不开技术，尤其是像环保产业这类高新产业，技术创新可以使企业在价格竞争中获得更为有利的地位。如果没有技术支撑，企业不具备持久的竞争力，必将被市场淘汰。我国的环保产业如果仍停留在低水平的重复建设，不向技术型转变，必将被国际市场淘汰。针对我国环保技术不高的现状，现阶段依靠进口环保设备来解决环境问题只是暂时的，未来环保产业的发展方向应当由依赖产品进口向引进高新技术转变，既可通过购买专利的方式，又可通过技术投资的方式。将更多的现代科技成果转化为环保技术，带动我国的生物技术、微电子技术、航天技术、计算机技术、自动控制、传感技术、新材料技术等广泛进入环保领域。在引进技术的过程中，要抓好技术选型、技术消化、技术后续开发（二次开发）三个环节，实现关键技术国产化。尤其要注意二次开发，这既是由于我国环境需求背景与该项技术出口国之间存在差异，又是由于我国本身的环境需求背景的多样性。经过二次开发后的环境技术，会更适宜于我国市场，也会成为我国自己的知识产权。在引进技术设备来解决我国的环境问题的同时，政府应鼓励环保产业的技术创新，将大学、研发机构、咨询公司等环保科研机构与环保企业紧密地联系起来，形成产、学、研相结合的模式，吸收高级环境保护技术人员及其他相关高级专业人才，不断提高环保产业队伍的专业技术水平，创立自己的产品，提高国际市场的竞争力。

三、产业园区发展模式

我国环保产业现在呈现区域间发展不平衡，区域内也不成规模的特点。事实上，并不是每一个排污企业都有条件、有能力建立废物处置设备，企业的污染物排放问题更多的是需要专门负责污染治理的公司来处理。相对于每个排污企业都设有污染处置设施来说，规模化的污染防治将显著减少企业的污染防治成本并提高污染处理的环境效果。因此，环保产业不能停留在分散设厂、生产的阶段，而要形成规模化的产业园区，使治污防污集中化、专业化，这样可以减少不必要的重复建设，降低生产成本，充分利用环保资金，合理配置资源，最大限度地减少污染排放，改善环境质量。

优先发展起来的沿海地区，可以充分发挥技术密集和人才密集的优势建立环保高新技术及其产品的研究开发基地与高新技术孵化、辐射基地；还可以创办环保高新技术产业开发区，加速产业集中，使其发展成为集科研、服务、销售机构于一体的，具有高技术研究开发、生产、销售、服务全功能的产业园区。发展产业园区可以使企业金融、技术开发、产品设计、市场营销、出口、分配等多方面实现高效的网络化互动合作。尤为重要的是，在产业园区内企业间正式或非正式地接触时，信息和知识尤其是隐含经验类知识很快地流通，从而促进创新。

通过建立和发展环保产业园区，促进环境信息、环境教育、环境服务、环境管理的快速发展，逐步形成环境技术中心，大力发展洁净技术和洁净产品，利用生物技术、电子信息技术、自动控制技术、新材料技术等高新技术，开发节能、节水技术和各种废弃物回收利用技术、生态农业技术，从而从根本上提高污染防治产业的技术质量水平，真正地使环保产业做大做强。

第二节　环保产业市场化发展的建议

目标：以环境质量改善为核心，以提升我国环保产业有效供给为目的，坚持供给和需求两手抓、政府和市场两手发力，既要加强政府引导，驱动潜在需求转化为现实市场，又要突出市场导向，充分发挥市场在资源配置中的决定性作用，采取切实措施释放市场需求、拓宽市场空间、激发市场活力、规范市场秩序、健全服务体系，营造有利于环保产业发展的社会环境和保障条件。

一、构建我国环保产业市场化发展政策体系

（一）构建意义与原则

1. 构建意义

环保产业具有极强的公益性和广泛的行业渗透性，其发展是一个综合经济、科技、环境等多个复杂因素的动态互动过程，具有复杂系统的特性。在我国，环保产业仍是一个新兴的行业，相较其他行业，环保产业对政策的依赖性更强。为此，构建一套针对环保产业属性、行业特点和市场发展机制的政策体系对于推动环保产业市场化发展至关重要。

2. 构建原则

（1）系统化、层次化原则

这是指通过本体系方案，建立从发展战略、到宏观政策、微观具体政策的系统化政策框架，形成系统化、多层次的政策体系。

（2）针对性、可行性、可操作和前瞻性原则

研究、制定政策的目的在于实际应用，并使其成为环保产业发展目标的定向

管理手段。为此，应体现政策的针对性、可行性、可操作性和前瞻性。

（3）协同作用原则

依据各政策在体系中的层次地位、调控对象、调控手段及各政策所起的作用，考虑政策间的协调、联动及整合中的协同问题，以形成和增强政策体系在执行中的综合调控能力。

（4）稳定性与动态性原则

考虑经济—社会—环境背景及政策发展变化，注意把握政策的稳定性和可变性，适时对政策体系进行修改和完善，甚至进行结构性调整。

（二）环保产业市场化政策体系的基本内容

当前，我国的市场经济发展模式倾向于"行政管理导向型市场经济模式"。因此，促进环保产业及市场化发展的政策体系，宜采取"政府宏观调控的环保产业政策"体系。基于此，将我国环保产业市场化发展政策体系归结为五大体系的协调与互动关系，即环保产业市场化发展的管理政策、经济政策、技术政策、结构政策和布局政策。

二、完善环境管理及环保产业管理体制机制

强化政府管理，提高执法力度，是加快环保产业潜在市场向现实市场转化的有效手段，也是促进环保产业发展的重要措施。

（一）完善和落实环境监督管理体制和机制

1.完善环境监督管理体系，明确监管职能

真正形成环境保护部门统一管理、行业管理部门分工负责、地方政府分级管理的环境管理体制，将各自的权利和责任具体化、明确化、规范化，各司其职，各负其责，相互配合，形成合力，以促进环境质量的改善为目标。做到"五个分开"：即将环境保护统一监督管理部门和分工负责管理部门的职责分开；将环境保护的责任和环境保护的监督分开；将中央环保部门和地方环保部门的职责分开；将行业部门和地方政府的环境保护职责分开；将地方各级政府的环境保护职责分开。

具体做法是，负有环境统一监督管理职责的各级环境保护部门实行垂直管理体制。各级环保部门只负责环境保护的宏观监督管理。目前已有的具体的环境监督管理职责精简、分权至各行业管理部门和各级地方政府，由其全权负责监督管理。

职责分工如下。①国家环境保护部门履行统一监督管理的职责。一是依法统一制定与环境保护有关的制度规章规范标准要求；二是通过第三方考核体系，依法对各行业管理部门和省级党委政府履行对本行业本辖区环境质量负责的法律责任的情况、贯彻落实国家各项环境管理制度规章规范标准要求的情况，以及环

质量改善的情况进行考核，提出考核报告，提交全国人大和国务院，并向全社会公布。②地方各级环境保护部门，履行地区监督管理的职责。依法逐级对下一级党委政府以及分管的行业管理部门，履行对本辖区环境质量负责的法律责任的情况、贯彻落实国家各项环境管理制度规章规范标准要求的情况、环境质量改善的情况进行监督考核，提出考核报告，提交同级人大和上级党委政府，并向全社会公布。③各行业管理部门和地方各级党委政府对环境保护监督管理负有分工负责责任。依据《中华人民共和国环境保护法》规定，其主要职责应是依法对所属行业和本辖区的环境保护污染治理履行具体的监督管理职责。

2. 强化监督考核，建立全国环境质量逐级考核和问责制度

以坚持责权结合，明确地方政府、各级环保部门、各有关行业部门、排污者、治污者的责任为基础；以改善环境质量为目标，建立全国环境质量逐级考核和责任追究制度。通过环境质量考核引领政府和企业履行保护环境的责任，建立提高环境质量的价值取向。对环境质量改善负有法律责任的行业管理部门和地方各级党委政府，重点考核其所在辖区环境质量的改善情况。对治理污染保护环境负有法律责任的企业，在考核其是否排放达标的同时，还要重点考核其排污许可总量的完成情况。对地方党委政府的环境质量考核结果报送上一级党委政府，并向全社会公布，没有履行法定职责和未完成污染减排任务的党委政府应接受上级党政部门和上级人大的监督和问责。违法超标排污和超总量排污的企业应接受法定环境管理部门的监督和问责。各级党委政府和企业，同时接受社会公众的监督。

3. 通过省市试点，完善省以下垂直管理体制设计

需要从法律与制度上科学划分环境保护事权，既维护好地方保护环境的积极性，又能保证环境监察执法的独立性。具体措施如下。①出台实施细则，明确改革的时间表、路线图。②通过试点，明确各部门环保工作的具体职责。对涉及环境保护部门的职能、范围、方式、责任等应具体化、法制化，厘清各级各部门的职责，做到权责统一，分工明确。调整理顺各级环保部门与地方政府及其相关部门的工作关系，明确责、权、利和有关考核、奖惩机制等系列关系。③增加地方环保机构人员编制，提高省级财政预算保障。通过改革，切实解决机构设置和人员编制不合理、不完善以及相关部门职能定位不清楚、不准确的问题。探索在乡（镇、办事处）设置生态环境保护工作站（所），延伸环保管理网络，实现环境监管全覆盖。

4. 健全市场调节和社会参与、监督的体制

无论是省以下环保机构监测监察执法的属地管理，还是省以下环保机构监测监察执法的垂直管理，都是体制内的监督形式。在经济社会的转型期，垂直的体制内监督可以或多或少地遏制地方保护主义，提高监管的效率。但是，如果忽

视市场的调节及体制外的社会参与和监督，垂直管理的体制对于环境问题只能治标，很难治本。在环境治理体系的建设方面，2015 年 9 月的《生态文明体制改革总体方案》在生态文明体制改革的目标部分指出，到 2020 年构建监管统一、执法严明、多方参与的环境治理体系；《中共中央关于制定国民经济和社会发展第十三个五年规划的建议》也提出"改革环境治理基础制度""健全环境信息公布制度"。按照党的十八届二中全会精神，环境治理体系和环境治理基础制度，显然不只包括环境监测监察执法，还包括市场机制和社会参与。《生态文明体制改革总体方案》还指出，构建更多运用经济杠杆进行环境治理和生态保护的市场体系，着力解决市场主体和市场体系发育滞后、社会参与度不高等问题。基于此，国家在开展省级以下环保机构监测监察执法垂直管理体制改革设计时，必须同时健全市场调节和社会参与、监督的体制，引入并强化公众问责机制，使新的环境监管体系可问责，增强环境监测监察垂直执法的独立性。

（二）严格环境执法，促进环保产业潜在市场向现实市场转化

党的十八届四中全会提出全面推进依法治国的要求，为环境监督执法指明了方向。严格环境执法，应以完善的法律法规为依据。与过去相比，新环保法的实施，加大了对环境违法行为的惩处力度，进一步刺激了排污者治污的积极性。但目前调整后的处罚力度仍偏低，不足以对排污者构成足够的震慑。对此，笔者提出以下建议。一是进一步加大对污染企业的行政处罚、行政强制、民事赔偿和刑事处罚力度，建立健全行政裁决、公益诉讼等环境损害救济途径，并运用多种处罚手段，如除财产罚外，增加人身罚（声誉罚）等，使违法者一旦触碰法律红线，就无法继续生存，才能起到足够的震慑和警诫作用。二是加强联合执法、综合执法，与相关部门进行执法整合，形成合力。三是加强环保监督执法能力建设，充分运用环境监测仪器、物联网、大数据等最新科技成果。四是创新执法工作思路，从单纯地监督污染物排放向全面监督与污染物排放密切相关的物资、材料、能源等的流动与消耗转变，从单纯地依靠环保部门数据来源进行监督向在国家大数据平台和商业化大数据平台基础上利用多部门数据进行协同监督转变。五是在环境监测社会化的进程中，做好顶层设计，完善相关法律法规，扫除社会机构承担部分执法性监测职能的体制机制障碍等。

（三）完善环保产业管理体制，建立政府—行业中介组织，加强其与企业的互动

市场机制下的环保产业管理模式大体上可以分为 3 个层次：政府层、中间层和企业层。政府层主要是通过制定环保产业发展的战略和规划，以及促进产业发展和市场转化的导向性政策和经济技术政策，引导全行业的发展。政府层的管理需要综合金融、财政、税收、环保和技术质量监督等部门的密切配合与协作。中

间层包括行业协会等行业中介组织，主要是在政府和企业之间发挥桥梁和纽带作用，把国家环境政策、环保产业发展目标、技术产品发展重点、市场信息传导给企业，将环保企业的意见和要求转达给政府，并根据环保产业的特点，制定行规行约，组织行检评估，组织制定行业标准，开展技术交流推广等。企业层次是环保产业行业管理的落脚点。我国环保产业的传统管理体制框架中政府、中介和环保企业间是逐级连接的关系。

市场机制下环保产业的运行机制应该是政府、行业中介机构和环保企业，围绕环保产业市场构成三角形的互动关系。

政府应主要发挥四方面的作用：一是改善发展环境，扩大市场需求；二是建立有利于市场健康发展的游戏规则，规范市场竞争规则；三是制定产业发展、促进市场机制发挥作用的具体政策、措施；四是完善市场机制，进一步发挥中介服务体系的作用等。具体路径是如下。①发挥政府制定法律法规、监管市场运行主体行为、制定规划、维护市场秩序职能。政府应从环境污染治理者转变为污染治理政策制定者，通过制定政策来引导污染治理或者环境保护市场形成。②推动环境保护法规体系的建立与完善，严格执行法规以规范市场行为。③制定明确、详细的环境标准，促进环境管理标准化。④对环境市场和环保产业市场运行进行有效监管，促进市场的进一步规范，营造既公平、又有利于环保企业成长壮大的市场环境。⑤下放环保产业管理事权，通过政府采购服务的方式，将政策规划咨询、环评、监测、设施运营绩效后评估、行业统计、信息服务等交由中介机构等社会力量承担。⑥明确政府及服务单位的责权利，健全监管体系，制定服务绩效考评标准，对服务项目定期进行绩效考评，并向社会公布。

行业协会作为行业组织应担负起促进环保产业发展的行业责任，充分发挥政府与企业之间的桥梁和纽带作用。在当前加快政府职能转变和简政放权，实行行业协会商会与行政机关脱钩的大背景下，环保产业协会商会等行业中介组织应主动创新管理体制和运行机制，激发内在活力和发展动力，提升行业服务功能，充分发挥行业协会商会在经济发展新常态中的独特优势，以服务为本，在为政府提供咨询、服务企业发展、加强行业自律、创新社会治理、履行社会责任等方面发挥应有的作用。一是充分发挥政府参谋作用。加强环保产业的政策调研、信息统计，深入研究行业发展动态，为政府制订和实施行业政策、规划、标准、规范等工作做好参谋。二是服务重心逐步从政府转向企业、行业、市场。通过提供指导、咨询、信息等服务，更好地为企业、行业提供行业智力支撑。通过组织制定行业标准、开展环保产品认证、环境技术评价、污染治理设施运营服务能力认证以及企业信用等级评价等，规范环保市场主体行为，引导环保企业健康有序发展，促进环保产业提质增效升级。

当前，国家应建立关于行业协会商会的准入和退出机制，健全综合监管体系。各级政府和协会商会间应明确权力边界，实现权力责任统一、服务监管并重。按照非营利原则要求，规范行业协会商会服务行为，发挥其对行业企业的行为引导、规则约束和权益维护作用。

（四）建立部门协调及分工整合机制，合力推动环保产业健康发展

建议由环保产业的主管部门牵头成立环保产业推进工作领导小组，相关部门作为成员单位参加。领导小组负责环保产业发展的宏观调控和综合决策，开展战略规划的顶层设计，负责督促检察各部门对政策规划的执行落实情况，并负责部门间的协调，确保政策制定和落实环节的无缝对接。各相关部门结合各自职能开展相关政策的研究制定、组织实施落实及监督管理工作。从而形成有机统一、协调、系统的环保产业管理机制，全面提升国家对环保产业发展的宏观调控能力。

建议国家发展改革委加大落实国家相关规划的力度，制定支持环保产业发展的降级政策；组织工信、建设、统计、环保等部门，研究制定环保产业统计标准，并建立常态化统计制度，定期向社会公布产业发展信息。建议国资委出台相关政策，鼓励大型国企、央企投资兴办环保产业，提高我国环保产业的集约化程度和国际竞争力；建议有关部门出台鼓励金融机构支持环保产业发展的政策。环境保护部门应发挥对环保产业的引导及监督管理职能，抓好环境保护发展方针、政策、法规、制度、标准、规划的制定和组织实施，做好环保市场引导和执法监督工作。

三、激活环保产业有效需求

（一）加强政策规划引导，释放环保产业市场需求

1.强化环境法规政策标准的导向作用

（1）加强环境法规、政策的贯彻和落实

一是全面贯彻落实新《中华人民共和国环境保护法》及各项环境法律规章制度和政策标准规范，加快完善和实施落实法规政策的相关细则和办法。通过环保政策法规标准规范的执行，倒逼排污企业采用治污措施，促进企业实施清洁生产工艺和绿色技术的转型升级，引导环保企业进行新技术研发应用，进一步释放环保产业的市场需求。二是建立常态化的执法检查机制和执法效果评估机制、政策实施配套及实施效果评估机制。一以贯之地落实《中华人民共和国环境保护法》的严格要求，加强对地方各级党委和政府环境责任的落实。在制定环境保护政策及环保产业相关政策时，应出台配套的实施细则，进一步明确政策执行主体及相应的责任，并同时规定政策绩效评估办法；对环保法规、规划、标准的执行情况定期进行跟踪、评估，并公布评估结果；对执行不到位的

督促调整，对不执行或错误执行的追究相关责任。

（2）加强法规政策标准体系的研究及制修订工作，提高环境政策标准的科学性、适用性和可操作性

结合环境质量改善的核心目标和污染物总量控制要求，进一步完善环境标准体系，对相关环境质量标准、污染物排放标准、污染防治技术政策等进行完善。加强对土壤、重金属、VOC等复杂污染物及新型污染物排放标准的研究制定，加快重点行业污染防治技术政策和工程规范的制修订进程。

（3）在政策标准的实施上，因地制宜，实施精细化管理

改变目前不分不同区域的环境污染程度、环境容量大小、环境质量好坏的具体情况，全国"一刀切"统一执行同一污染物排放标准的粗放型管理做法。污染物排放标准仅为判断污染物排放浓度是否合法的基本底线，超标排污要受到法律的处罚，同时还应考虑时间上和空间上，区域的环境容量及区域环境质量管理的目标要求。因此，企业排污既要符合污染物排放标准对排放浓度的合法性要求，还要符合环境质量和环境容量管理对排放总量合法性的要求。

2. 加强对环保产业的规划政策引导

（1）制定与环境污染治理互融互促的环保产业发展规划

应改变过去只重视污染治理不重视环保产业发展，把环保产业和污染治理分离成"两张皮"的状况。环保部门应围绕环境保护的目标任务，统筹供需双方市场情况，将发展环保产业的任务措施纳入环境保护规划，并制定加快发展环保产业促进环境污染治理的阶段性规划，和与之配套的具体措施，使环保产业发展和环境污染治理相互融合相互促进同步发展。

（2）建立环境保护规划预告制度

环境保护规划对促进环保产业发展具有引导、预告的作用，规划目标和投资规模决定了同期环保产业发展的市场容量、市场规模和产值潜力。但长期以来，规划缺乏与环保产业支撑能力的衔接，导致规划目标在具体实施中往往难以实现。同时，在规划实施的同期，也未给予明确的环保产业发展指导，包括产业发展重点、技术重点、市场预测、现有市场技术、设备和企业服务支撑能力、市场需求旺盛的鼓励技术和产品目录等，一定程度上导致环保产业市场的无序发展。因此，建议在国家环境保护总体规划及污染防治单项规划等制定的同时，充分考虑本规划在实施过程中产业界的支撑能力，同时明确对产业的需求，包括技术需求、设备需求、咨询设计需求、工程建设队伍的需求、运营队伍的需求，以及提高产业支撑能力所需要的政策机制等，对环保产业发展予以明确引导。同时，建议定期制定环保产业支撑能力评估和发展需求分析及预测报告，为各省级环保部门制定环境保护规划、实施环境管理提供支撑，也为环保企业及投资者提供指引。

（3）做好环保产业政策顶层设计

加强环境经济政策和环保产业政策的部际协调，针对环保产业属性、行业特点、发展机制等制定一套鼓励、引导、促进环保产业发展的配套政策措施，注重政策执行环节的细化与落实。

（二）拓宽市场空间，推进环境服务市场化进程

1.深入推进政府采购环境公共服务

（1）扩大政府采购环境公共服务的范围

配合推进政府职能转变和简政放权，将环保部门相关管理事项进行全面梳理，对现有凡属充当"运动员"角色的事项全部交由市场，由具备能力的社会机构承担。同时，针对环境管理亟须和利于促进环保产业发展的必要环节研究设置采购项目，科学确定政府采购内容清单。采购范围可涵盖节能减排、投融资、环境审计、环境监理、环境检测分析、环境影响评价、清洁生产审核、工程咨询、节能环保产品认证、环保技术评估、技术验证、污染治理设施运行绩效评估、信息平台服务等。

（2）规范和创新政府购买环境服务方式

按照政府《中华人民共和国政府采购法》等相关规定，根据实际采用公开招标、邀请招标、竞争性谈判、竞争性磋商、单一来源采购等方式确定承接主体。在采购环境服务过程中，注重发挥行业协会商会的专业优势，优先向符合条件的行业协会商会购买行业规范、行业评价、行业统计、行业标准、职业评价、等级评定等行业管理与协调性服务，技术推广、行业规划、行业调查、行业发展与管理政策及重大事项决策咨询等技术性服务，以及一些专业性较强的社会管理事务。

（3）加强对政府购买环境公共服务的监管

应按照公开、公平、公正的原则，推进政府购买环境公共服务信息公开和信息共享，鼓励社会监督。加强政府购买服务的财务管理、合同管理、绩效评价和信息公开，督促承接主体严格履行合同，确保服务质量。应建立全过程预算绩效管理机制，加强成本效益分析，推进政府购买环境服务绩效评价工作，评价结果向社会公开。加大对各采购主体的违法惩处力度。

2.以发展效果为导向的环境综合服务为突破口，推动环保产业服务模式转型升级

经过40多年的发展，我国环保产业的服务模式发生了显著的变化，由单一提供治理设备，发展到承接治理工程，再到提供治理运营服务，环保企业相应地由设备提供商发展为工程承包商和运营服务商。近期，随着环境问题的加剧和全社会对其关注度的提升，倒逼着国家环境污染治理需求的大幅提升，与公众对环境的直观感受相对应的环境质量和效果被提升为环境治理的目标。新《中华人民

共和国环境保护法》"大气十条""水十条"以及"土十条"的实施，推动着环境治理由以排放指标为核心，转为以改善环境质量的效果为核心。环境污染治理方式转变为以"社会化、专业化、市场化"为主导的第三方治理。政府对环境服务的采购，相应地由购买环保产品设备和工程向购买环境服务和环境质量转变，由重治理过程向重治理结果转变。这就要求环保产业的服务需面向环境效果，由产业单一环节、单一要素、单一领域的末端治理向多环节、多要素协同、多领域全方位治理的一体化、系统化、优质化、多样化综合服务模式转变，从而实现环保产业服务的转型升级。

（1）创新环境服务的商业模式，推进环境绩效合同服务模式

在污水处理、污泥处理处置、垃圾处理、生态修复、区域环境综合整治、废物资源综合利用领域，推行环境绩效合同服务。建立完善环境绩效合同服务的依效付费机制、效益共享机制，提高项目实施效率，确保环境效益。基于环境质量改善和污染物减排效果付费、项目收益分配共享等支付方式，制定环境绩效合同范本、付费考核方式、服务标准等。

（2）在环境基本公共服务领域，大力推行政府采购环境综合服务

在城镇污水处理、垃圾处理、工业同区污染集中治理、流域水污染治理、区域生态环境修复与生态保护等领域，以环境效果为政府采购的目标，向治理企业采购环境综合服务，通过社会化的治理服务模式，提高污染治理的效率和水平。

（3）鼓励企业通过打捆、打包服务的方式，对一定区域的污染治理项目进行有效整合，提供一揽子、系统化的治理服务

永清环保、桑德、北控水务等企业的成功经验表明，该模式可以更有效地利用资源，提高效率水平和整体收益能力；同时，也利于政府部门实施监管，在一定程度上降低了监管成本。

3.重点推进环境污染第三方治理、政府与社会资本合作模式

加快推进环境污染第三方治理、政府与社会资本合作（PPP 模式）试点工作。在深入总结试点经验的基础上，进一步明确第三方治理和 PPP 模式的适用范围，避免政绩工程和模式泛化，针对两种模式在具体实施中的障碍和瓶颈，以建立健全保障机制为重点，完善有效的配套措施。

（1）推进环境污染第三方治理的措施

一是加快推进试点工作，引导市场、完善机制。以工业园区、排污企业污染第三方治理为重点开展试点，引导工业污染治理市场逐步放开，形成公平、竞争和有序的市场环境；探索建立第三方运营服务标准、管理规范、绩效评估和激励机制、投资回报机制及稳定有效的价费机制，完善风险分担、履约保障等，

二是加强对第三方治理的监管。加强环境管理部门对第三方运营的环保项目

和设施的监管，可以工业园区的污染集中治理、污染场地修复、黑臭水体治理等为突破口，以污染源在线自动监测为抓手，对重点项目设施的污染物排放实施严格监管，建立第三方运营的黑名单制度。推进建立环保企业第三方治理信息公开制度，通过公众监督与政府监管相结合共同完善对第三方治理的监管。

三是建立完善第三方治理的政策支撑体系。针对第三方治理中影响企业积极性的重复征税等问题，积极协调有关部门，推进出台降减增值税等措施，降低第三方治理成本；探索实施高于排放标准的奖励或补偿措施，鼓励企业进行技术创新，提高污染治理水平。

四是在具体推进中，要注意以尊重市场为原则，避免政府强制推行，不得对排污企业和治污企业"拉郎配"。以污染物的达标排放为目标，排污企业可自主选择自行治理或采取第三方治理的方式。对重点监控行业及企业，若采取自行治理的方式在一定时期（如半年或一年）内无法连续稳定达标的，可通过行政代执行的方式，由政府出面进行公开招标，选择由第三方治理单位进行治理。

（2）推进 PPP 模式的措施

一是进一步明晰在环境领域政府和社会资本合作的范畴和模式。在环境综合整治、河道治理、重金属污染治理等方面引导和实践 PPP 模式，化解地方环保项目融资难、专业程度不高、技术水平不足等问题，提高项目实施的专业化程度。鼓励捆绑、资源组合开发、资源综合利用、基于绩效付费或超额收益分享等模式创新。

二是建立和完善相关责任分担和风险分担机制、投资回报机制。建立政府支付责任及其保障体系，进一步明确政府应承担的监管职责，并分担土地、政策、价格等风险；企业承担治理服务职责，并分担技术风险；建立合理的投资回报机制，确保社会资本的投资收益。

三是加强对 PPP 项目的监管，开展绩效评估，逐步建立"绩效标杆制度"，促进提高环境公共服务质量。

四是完善有利于 PPP 项目实施的政策措施。跟进和落实对项目的扶持措施，优化专项资金使用方式，从"补建设"向"补运营"转变，由"前补助"向"后奖励"转变；探索环境 PPP 支持基金设立、环境金融产品创新、相关配套政策优化调整等，逐步健全促进环境领域顺利推进 PPP 实施的政策机制。

（三）激发市场活力，综合采用经济措施引导和激发环保市场主体的积极性

推动建立"财政引导、市场运作、社会参与"的多元化投入机制。通过完善财政资金引导、税收优惠、价格政策、付费机制、资金回报机制、金融政策创新、产业发展基金等，引导和激发企业投资与治理的积极性。

1. 加大国家财政对环保的投入，优化政府补贴体系

一是在进一步加大政府投入的同时，改进财政资金的投入方式，以提高财政资金的投资效益和效果。应加大对解决关键复杂环境问题、重点领域的技术装备研发及促进其转化应用的投入，投入方式由"事前投入"，转为对使用后产生实际效果的"事后补助"或"事后奖励"。二是建立国家环保产业发展基金，用于环境保护先进技术的开发转化、工程示范、产业化应用的奖励资金，以及国家重大环境治理项目的周转资金、贷款贴息、污染物排放达到国际先进水平或者优于国家排放标准的奖励、地方政府改善环境质量成就突出的奖励等。

2. 健全社会资本投入市场激励机制，为民间资本进入环保市场提供渠道和保障

一是平等对待民间投资者，消除投资障碍，降低投资风险，健全回报机制，保障合理的投资利润。二是鼓励社会资本建立环境保护基金，弥补环保资金供需缺口。在基金注资方式上，以财政资金为引导，撬动社会资本投入；在资金投入方式上，不局限于直接固定资产投资，较多地采用贷款、担保、补贴等与社会资金捆绑使用；在资金投入方向上，侧重花钱买机制，重点支持第三方治理、PPP、采购环境服务，激励环保产业发展；在基金管理运作上，通过专业化资本运作形成资金蓄水池，确保基金持续滚动增值。三是支持环境金融服务创新，推进建立多元化环保投融资格局。鼓励金融机构对有发展潜力的中小型环保企业予以融资倾斜，对重点项目提高授信额度、增进信用等级。

近期鼓励各地结合大气、水、土壤等污染防治重点工作，开展多个层面的先行先试工作。比如，试点建立环境银行、环境保护基金、环保产业基金、环境担保基金，探索基金的筹措、管理、使用、政策需求等，引导社会资本积极参与污染防治和环境监督领域投资建设与运营管理。在土壤、地下水修复等环境保护领域试点采用租赁方式进行融资。创新抵押担保服务，试点开展排污权、收费权、购买服务协议质（抵）押等担保贷款业务，探索利用污水垃圾处理等预期收益质押贷款。在城镇污水处理等环境基础设施领域试点资产证券化，促进具备一定收益能力的经营性环保项目形成市场化融资机制。在环保部门与金融机构、金融机构监管部门之间搭建信息沟通机制，试点建立企业环境信用评价体系和绿色信贷信息共享机制，以及制定其他促进环保产业与金融业相融合的政策措施等。

3. 建立环保产业新型定价机制

推动建立基于环境外部成本内部化、能够真正反映污染治理和生态建设成本的环保产业价格机制。一是完善市政污水处理、垃圾处理等领域价格形成机制，建立基于保障合理收益原则的收费标准动态调整机制。二是探索建立以效果定价、以品质定价的环保产业新型定价机制，研究建立相应的定价指南、导则、

标准等，推进以环境绩效确定收益的环境保护服务合理定价。在地方试点的基础上，逐步完善后全面推行。

4.推行排污权有偿使用，完善排污权交易市场

加快实行排污许可证制度、排污权交易政策，支持开展排污权、收费权、政府购买服务协议及特许权协议项下收益质押担保融资，探索开展PPP服务项目预期收益质押融资。

（四）规范市场秩序，建立规范统一、公平公正的环保产业市场环境

1.整顿环保产业市场秩序

建立公平、开放、透明的市场规则，清理和废除妨碍全国统一市场和公平竞争的各种规定和做法：打破国企、央企以及地方公用事业管理部门所属企业对本地区项目的垄断，确保全国统一市场，不同所有制类型企业享受投资建设或运营管理环境保护项目的同等待遇；对环境公共服务项目，规范招标采购程序，根据《中华人民共和国政府采购法》及相关规定，采用公平、公正、公开的方式选择项目单位。联合有关部门制定出台《加强环保产业招投标管理规范》，将现有环保工程招投标中对技术和商务分别打分、一次评标的做法，改革为先评技术标、后评商务标，只有技术标入围的投标企业才有资格进入下一轮商务标的投标，以避免没有技术实力的企业恶意低价扰乱市场。

2.加强对环保市场的事中和事后监管

一是建立环保工程项目过程性管理规范，重点加强对环保工程项目招标中过程性工程技术参数的要求，防止低水平恶性竞争。二是加强"三同时"验收时对环保工程建设质量的验收，确保经环评确定的环保措施和投资落实到位。三是加快建立环境监理制度，全面推进建设项目的环境监理。四是重点加强对环保设施运行情况的监管，建立健全环保设施运行绩效评估体系，评估结果向社会公开，并作为环保执法监督的依据。环保部门组织建立评估体系、制定评估标准，采购行业协会或社会化机构承担的评估服务，并对评估单位的评估服务进行监督、考核，考核结果予以公开。五是加大对环保工程招投标、建设及运营各环节弄虚作假及各种违法行为的处罚力度，建立弄虚作假、恶意竞争，以及环境工程建设质量低劣、运营绩效差的企业黑名单制度，制定关于环境服务机构环境违法的处罚办法，并实现与《中华人民共和国环境保护法》《中华人民共和国刑法》等法律的对接。

3.推动环保产业行业诚信建设，加强行业自律

加快推进和完善环保产业行业信用体系建设，推动构建守信激励与失信惩戒机制。政府应做好履行契约的率先垂范，引导企业重合同、守信用；充分发挥行业协会在行业自律方面的作用，进一步完善行规行约，加强行业信用体系建设，

引导企业守法规范经营。全面推广企业环境行为信用评价和环保产业行业企业信用评价，推动建立覆盖各级政府、部门、企业的信用档案系统，建立信用举报投诉制度和不诚信企业黑名单制度，公开信用信息，接受社会监督。

四、提升环保产业有效供给

（一）促进技术自主创新，完善成果转化机制，提高环保产业核心竞争力

1. 充分发挥环境标准对环保产业的引领作用

建立环境标准制（修）订计划预告制度和环境标准制（修）订的环保产业基础评估机制。通过标准预告为环保企业的技术研发提供指引，为环保装备设施的升级改造预留足够的时间，避免形成有了标准却无经济可行的技术手段的尴尬局面。在对环境标准的实施效果进行评估时，应增加标准实施中环保产业支撑能力的评估，将标准实施与环保产业的发展实际和发展能力相关联。同时，应吸收环保产业有关机构和企业参与标准的制（修）订，将产业界对标准的意见反馈环节前置，确保标准内容符合产业实际，具有较强的可操作性。

2. 完善环保技术创新体系与成果转化机制

加快推进建立政府引导、市场竞争的技术创新与成果转化机制，加强以企业为主体、市场为导向、产学研有机结合的环保技术创新体系建设。针对节能减排的新要求，进一步发挥政府的引导作用，鼓励和支持骨干企业创建一批国家急需的环保工程技术中心、重点实验室。以大型环保骨干企业、研究机构为依托，建设一批上下游产业链条较为完整、产业结构比较健全的环保产业技术创新联盟，加速环保高新技术的开发和产业化。培育建设一批专业化的科技成果孵化培育及成果转化机构，引导鼓励高校、科研机构与环保企业的深入合作，加速环保科技研发与成果产业化进程。

3. 推动重点领域实现关键技术突破

一是解决当前环保产业发展急需及薄弱领域的技术供给问题，在工业废水治理、农村污染防治、重金属污染防治、土壤修复等领域，引导和支持企业及科研单位对重点环保装备和关键备件、材料进行攻关，形成能有效解决中国环境问题、具有自主知识产权的原创关键技术，改变关键技术设备受制于人、依赖进口的局面。二是研发储备一批基于有效改善环境质量，解决综合复杂环境问题的污染物协同综合治理技术，解决当前"糖葫芦"式的简单工艺单元累加模式所导致的效果不理想、投入不经济等问题。三是借力"互联网＋"技术，带动环保产业技术进步与产业升级。鼓励将互联网、云计算、大数据、物联网等技术运用到污染治理、环境监测／检测、环境监管、信息公开等领域，提高环境管理与污染治理的效率和水平，促进环保产业的技术升级和实现智慧环保。

4.加大资金支持和政策激励力度

加大财政资金对环保新技术研发、示范推广及产业化的支持力度。对涉及解决重大及复杂环境问题的基础研究、前沿技术研究项目采取财政专项资金直接补助的方式，如水专项资金、大气专项资金、土壤专项资金等。对符合支持范围的项目，采取直接、事先补助或全额资助、贷款贴息等方式；对企业新研发并实现产业化的首台套设备按一定标准给予补助；对于成熟技术和产品的推广使用，采取"以奖代补""先建后补"等方式，以鼓励和推广为目的，加大资金支持，促进环保产业的技术创新与应用推广。

5.加强知识产权保护

联合有关工商、知识产权等部门加大对环保产业领域知识产权侵权行为的打击。在环保产业发展基金中设立知识产权专项基金，支持对知识产权侵权行为的调查取证和诉讼。将知识产权侵权记录纳入环保信用和行业信用体系。

（二）促进集聚建设，优化环保产业结构和布局

1.鼓励环保产业集群化发展

在产业组织结构调整中，除继续支持企业集团化发展外，应重点鼓励产业集群化发展。以龙头企业为主导，通过产业链的延伸带动配套企业发展。产业链中的配套企业发展壮大，既可形成新的龙头企业，又可促进其他龙头企业发展和集聚，形成产业群体，使产业整体竞争力得到增强，从而壮大产业经济。

2.支持以促进关键核心技术应用为核心的企业联盟

选择环境问题急迫、目前治理效果难以满足环境管理需求的领域，如制药、印染、酿造等高浓度工业废水的治理，由技术研发单位、设备工程公司、运行企业和行业用户企业等组成联盟，针对某一行业生产工艺过程及污染物产排情况，研发能实现资源能源高效利用和污染物有效减排的关键核心技术，并运用到工程实践中。通过联盟间企业的交流对话、分工协作、利益共享等机制，实现环保新技术的转化应用。

3.以促进环境综合服务型集聚区发展为突破口，推动环保产业转型升级

鼓励支持环境综合服务型产业集聚区发展，优化服务型环保产业集聚区的发展环境，积极培养、引进环境服务型企业，以为解决复杂环境问题提供系统性解决方案为核心，发挥集聚区在提供信息服务、促进成果转化和市场合作、发挥智力支撑和综合服务等方面的作用，促进传统环保产业转型升级，提升污染治理的水平。

4.发展生态环保产业聚集区，助力传统产业绿色、循环、低碳发展

一是在现有环保产业集聚区内增加不同类型的产业实体，如重资产运营公司、技术服务公司和设备公司，涵盖环境相关的商务运营服务、人才服务、技术研发服务、金融服务、信息交互服务、宣传会展服务、设备原材料服务等多个领

域。通过不同性质的产业聚集，形成产业结构合理、功能高效、关系协调、发展潜力巨大的生态聚集园区；二是与生态工业园、循环经济产业示范园发展紧密融合，发挥环保产业的技术支撑作用，助力传统产业的绿色、循环、低碳发展。

5. 科学规划建设环保产业集聚（园）区

建议制定针对环保产业集聚（园）区发展的标准规范，加强顶层设计；通过规划和产业政策引导，建立国家环保产业试点示范园区；加大政策扶持力度，建立环保产业集聚区监督管理及绩效考评制度，推动集聚区建章建制和发挥应有的作用。

在集聚（园）区内容建设上，进一步优化以制造业为基础的园区建设布局，突出地区产业基础和资源优势，促进实现产业链上下游的资源整合，避免地区间雷同、重复建设；发展环境服务型集聚（园）区，鼓励环境金融、信息、教育、科技、咨询等环境服务机构向园区集中，推动服务机构间、服务机构与环保企业间的联合与合作；支持发展向地方政府、工业园区和排污企业提供面向环境效果的系统实施方案的环境综合服务，通过科技、资本与服务的结合，打造优质的集聚（园）区服务环境，不断提升集聚（园）区服务水平和产业集聚能力。

在集聚（园）区的区域布局上，在现有环保产业集聚的基础上，构建"一心""三核""四重点"的环保产业集聚网络。"一心""三核"是通过以点带面的辐射作用，打造"京津冀""长三角""珠三角"环保产业集聚区。"一心"即以北京为中心，在全国范围内建立"1+N"综合服务型环保产业园区。将北京园区打造为世界级环保产业综合服务中心园区，培育发展具有国际竞争力的全国型环境综合服务园区，在全国范围内形成"1+N"综合服务型环保产业园发展格局。"三核"即以环保产业的"一带一轴"布局为基础，分别以天津、上海、广州为核心，打造以"生态环保服务""商业服务""技术贸易服务"为特色的功能聚集区。"四重点"是以长沙、武汉、重庆、西安等城市为重点，布局我国中西部环保产业聚集区，在承接东部地区制造业转移的基础上，通过环保产业集聚建设，带动中西部环保产业的快速发展。

在地区园区建设层面，应依据国家关于集聚区建设的总体规划和要求，因地制宜，紧密结合当地环保产业基础和地区环境保护需求，制订符合地区实际，能够发挥地区优势和特色，满足地区环境保护需要，和能够有效整合当地环保产业资源，促进环保企业实现资源共享、产业共生的集聚区建设规划，避免跟风、模仿，盲目建设；建立和完善集聚区管理规章制度，建立为集聚区企业服务的系统平台，为集聚区企业的发展提供良好的环境；在积极争取政府的政策支持的同时，积极探索市场化的运作手段，吸引有实力的投资商、环保企业参与集聚区的规划、建设和运营。

（三）培育扶持骨干企业发展，提高行业集中度

加快环保高新技术产业化，形成规模经济，需要提高产业的集中度，培育一支具有较强竞争力的骨干企业队伍。

①鼓励和支持环保企业与高校、科研机构合作，推进科技成果在工程实践中的应用，提升环保企业的技术水平，增强环保企业的技术竞争力。

②鼓励和支持创建环保产业技术创新联盟、国家急需的环保工程技术中心、重点实验室等，扶持在各专业领域具有一定实力的龙头环保企业发展，加速环保科技成果产业化进程。

③抓住经济结构调整和国有企业改革的有利时机，引导一些有条件的国有大中型企业，合资经营创办高新环保技术企业，利用其资金、人才、设备、管理的优势，形成环保产业的骨干企业。

④引导吸引具有较强投资实力的重资产企业投资环保产业，通过兼并收购环保企业、整合产业链等，形成具有投资、建设、运营等全产业链服务能力的大型环境综合服务企业。

⑤引导众多的规模较小的环保企业适应现代化大生产要求，进行资产重组，向规模化、集约化方向发展。

笔者提出以下建议。一是通过财政和经济政策扶持骨干企业发展，如设立环保产业技术联盟专项资金、科技成果转化奖励资金与补助资金、环境服务业发展专项资金、对第三方运营企业提供运营补助或税收减免等，对符合规定条件且提供符合规定条件项目要求的企业按一定标准给予一次性奖励、补助或税收减免，引导和鼓励环保企业提升技术服务水平，推动环保产业发展。二是建立环保产业"领跑者"制度和行业"标杆"制度，树立企业榜样，带动其他企业发展和进步。

（四）推动环保产业与传统产业互动融合、协同共赢发展，拓展环保产业持续增长空间

要实现将环保产业培育成国民经济战略性支柱产业的目标，推动绿色发展，就必须大力推进环保产业与其他产业的融合发展，形成真正的大环保产业格局。产业融合是现代产业发展的重要特征，随着现代产业的不断发展，外延不断拓展，内涵不断丰富，产业间的融合进程不断加快。环保产业渗透性强、关联度高，既是钢铁、化工、纺织、生物等产业的下游产业（原材料使用者），又是对传统产业生产过程中产生的污染物进行处理控制的技术设备提供者。这种自然的融合关系为进一步互动、协同发展提供了条件和基础。

当前，我国经济社会发展进入了结构调整和转型升级的时期。一方面，传统产业的绿色、循环、低碳化升级改造，需要环保产业为之提供与其发展相适应的技术支持。这就要求环保产业不能简单地介入，需要在原有技能的基础上，将

两者的生产要素、生产工艺互补匹配，通过资源重组、协同创新，综合运用节能环保、新材料、生物技术、信息技术等现代高新技术，使传统产业在升级改造中实现节能降耗、资源能源高效利用、循环利用的新的发展模式，使原产业在其边界处融合出新的整体功能，形成独特持续竞争力的产业升级过程，实现两者的互利共赢。另一方面，环保产业在与传统行业的互动融合中，实现了自身向产业链上下游的充分延展，极大地拓宽了市场需求空间，从而为环保产业发展带来了新的、更多的利润增长点。例如，在垃圾焚烧发电领域，上游的延伸目标可以是垃圾分类、收集和有用资源的回收利用；下游则可以是余热利用和灰渣的资源化等。就余热利用来讲，垃圾焚烧是理想的市政供热源。由于国家政策鼓励，垃圾焚烧发电优先上网。运行状况好的垃圾焚烧发电厂，在垃圾量有保障的前提下，年发电小时数可达 8 000 小时以上，是理想的市政供热热源。在北欧等国家，垃圾焚烧发电全部实现了热电联产，部分还实现了冷热电联产。只要有恰当的政策鼓励和引导，企业在商业模式上做出相应的设计，垃圾焚烧发电厂就能够在不过多触动现有市政供热体制和利益格局前提下，获得余热利用的额外利润空间。此外，在国家大力推动 PPP 模式的今天，政府项目捆绑打包的趋势明显。围绕垃圾焚烧发电，对垃圾分类和收集、餐厨垃圾处理及资源化、垃圾焚烧灰渣的资源化等，都可以捆绑打包的方式进行，目前已有企业在积极探索和进行技术研发。综上，垃圾焚烧发电企业的盈利将呈现多元化的趋势。

五、强化产业基础性及社会化服务

（一）加强行业统计，建立供需两个维度的核心环保产业常态化统计制度

长期以来，我国环保产业调查统计工作存在以下问题：统计制度未实现常态化和规范化，一次性调查数据价值有限；现行调查的范围过于宽泛，对环保工作的支撑度不突出；一次性全面调查组织实施难度大，难以上升为定期制度；仅从供给侧调查无法掌握环保市场的实际规模与需求，难以反映环境保护政策落实及推进效果等问题。针对这些问题，建议将环保产业的统计范围聚焦到为环境污染治理和生态保护提供直接支撑的环境保护产品和环境服务两大核心领域，这里称其为"核心环保产业"，研究建立能够反映供需两个层面，更为高效、更富时效、更能反映环保工作成效的常态化的环保产业统计制度及方法。

从产业供方维度，可建设两条路径，一是充分利用已有的统计调查制度（包括国家经济普查、工业定期报表制度，以及机械制造、石油化工、建材等相关行业的统计调查制度）获取环保产业数据；二是探索建立重点环保企业数据采集制度，通过实施非全量调查的重点调查，对部分典型企业进行定期统计跟踪，研判全行业的发展趋势。从产业需方维度，可探索利用具有成熟基础的环境统计制度

获取环保产业相关数据。

（二）充分发挥行业组织及社会力量的服务作用

1.发挥行业组织、科研机构、服务平台等的决策支撑服务作用

在环境保护规划、政策、标准制定过程中，充分吸收行业协会、学会、商会等行业组织意见，确保环境保护的政策标准措施与环保产业发展有机协调。在环保产业规划、政策措施的制定中，更多地依托相关行业组织、研究机构、服务平台开展前期深入调研、行业咨询与规划政策编制等，确保环保产业规划政策符合行业发展实际，便于政策的执行和落地。

2.发挥行业组织及相关机构提供行业技术服务的作用

以中国环保产业协会、中国环境科学学会、中国环科院、环境规划院等为依托，建立国内外环境技术、市场、政策、法规、标准等信息平台，以及提供技术交流、技术推广、技术评价/验证、咨询服务、评估服务、人员培训、行业统计调查、信息收集、信息共享等技术性服务，为环保企业和环保产业发展提供良好的智力支撑。

3.发挥行业组织和相关机构维护市场秩序、参与市场监管的作用

通过相关组织和机构开展第三方治理、综合环境服务、污染治理设施运行等绩效评估，协助政府部门对污染治理市场主体实施监督管理；支持中国环保产业协会等行业组织开展和推广环保企业信用等级评价、建立企业诚信档案和负面清单（黑名单）等，促进行业诚信建设，推进行业自律，引导环保企业健康有序发展，促进环保产业提质增效升级。

4.支持"环境医院"等新业态发展

"环境医院"立足于解决复杂环境问题，通过"患者挂号，大夫出诊，药方抓药"实现需求和服务的高效对接。对政府而言，"环境医院"能切实解决环境问题，提高公众满意度。对环保企业而言，"环境医院"能够为企业带来更大市场，并因解决更大规模、难度更高的环境问题而提升企业地位和品牌价值。对于公众，"环境医院"是科普基地，是政、企、民良性沟通的友好界面。推动"环境医院"的市场化发展，前期可通过试点的方式，在亟须解决复杂环境问题的地区先行先试，探索可持续发展的建设和运营方式，同时，需要政府给予税收、土地、政策性资金、人才引进等方面的支持。

（三）深入推进信息公开，建立环保产业信息共享与公众参与机制

1.大力推进环保产业信息公开

建立环保产业信息公开制度，以解决长期以来我国环保产业发展中信息缺乏、信息渠道不畅、信息不透明不对等问题。环保产业信息的内容主要包括环境管理与决策信息、环境污染状况信息、环境污染治理信息、环境保护需求信息、环保

产业行业发展状况、环保企业、环保技术设备、环保投资等市场信息等。信息公开的主体包括政府、行业组织或其他机构、企业（污染企业和环保企业）三大类。

政府主体以发布环保产业需求信息为主，包括环境相关政策、环境管理制度实施情况、环境执法监督情况等。具体包括：环境法规政策、规划、标准，环境污染状况信息、重点污染源信息、环保设施建设及运行信息、投资信息、环境保护重点工程项目信息，以及环保核查、建设项目环境影响评价、环境监测、环境执法信息等。除个别涉及安全、敏感的信息外，政府应尽最大可能向社会公开信息，并确保信息的及时性、准确性与完整性。

行业协会、环境科研院所及相关机构以提供环保产业行业及市场信息为主，包括基于行业统计调查的环保产业市场规模、技术进展、热点及重点领域发展进展及未来趋势分析，环保企业发展动态、市场项目信息等。信息发布主体应保证所提供信息内容的客观性、真实性、准确性和可溯源性。

排污企业和环保企业应履行社会责任，守法诚信经营，认真执行《企业事业单位环境信息公开办法》，自觉将企业污染物排放信息和在改善环境质量方面采取的行动措施向全社会公开，主动接受公众监督，不断提升企业的污染防治水平。

建议制定出台《企业环境信息披露制度》，建立相关责任追究、监督管理及激励奖惩机制，为推进环保产业信息公开提供制度保障。

2. 完善环保产业公众参与机制

环保产业与环境保护密不可分，环保产业是环境保护事业的支撑，环境保护的公众参与即包含了环保产业的公众参与内容。为落实新修订的《中华人民共和国环境保护法》《中共中央国务院关于加快推进生态文明建设的意见》中提出的"鼓励公众积极参与，完善公众参与制度"的要求，环保部于2015年7月印发了《环境保护公众参与办法》，明确公民、法人和其他组织可参与制定政策法规、实施行政许可或者行政处罚、监督违法行为、开展宣传教育等环境保护公共事务的活动。依据《环境保护公众参与办法》，在环境保护政策、规划、措施、环境保护标准制定，推动环保产业发展的政策、措施、标准的制定，以及污染源污染排放监督、环境治理工程建设、环保设施运营监督等方面全面引入公众参与，构建政府—社会—公众良性互动的环境保护和环保产业发展机制，以促进实现环境保护和环保产业决策的科学性、公正性和有效性。具体推进思路：一是以信息公开为基础，明确公众可参与的具体事项范围、形式和内容；二是解决公众参与渠道不畅问题，制定公众参与的程序，开辟公众参与的新路径，通过政府、行业协会、环保科研机构、公共服务平台、新闻媒体等多种渠道，综合运用网站、报刊、微信、微博等媒体手段，进行广泛的宣传；三是完善制度建设，探索符合实际的公众参与模式和方法，加强政府部门与行业组织间的合作，确保环保产业公众参与工作持续健康发展。

六、加强国际交流与合作

（一）注重"引进来"质量，以提升我国环保产业核心竞争力

紧紧围绕引进国外先进技术、消化、吸收与再创新这个重点，把引进与国内自主研发和创新结合起来，提升环保产业创新能力，提升环保产品和生产工艺的技术水平，加快重点领域重大技术和产品的开发步伐。

优化利用外资结构，提高利用外资质量，从利用外资单纯进口设备转变为利用外资进口设备和引进先进技术并举；从利用外资单纯进口成套设备转变为利用外资进口关键设备和国内制造并举；从偏重"硬件"（技术设备）引进转变为"硬件"和"软件"引进并举，更多地引进"软件"（管理经验），适当限制成套设备进口，推动我国重点领域设备的成套化、集成化。

（二）实施"走出去"战略，鼓励环保企业外向型发展

逐步扩大环境服务贸易规模，优化环境服务贸易结构，提升我国环保产业国际竞争力。推进环保技术与产品出口创汇、环境工程对外服务，鼓励和支持环保企业到境外承接环境投融资、环境咨询、工程建设、设施运营等系统化综合服务。以国家提出"一带一路"倡议为契机，通过组织开展多种形式的国际环保技术交流活动，与沿线国家共建环保技术合作园区及示范基地，支持中国环保企业承接沿线国家污染治理工程项目建设与运营服务等，进一步推动中国环保产业"走出去"。

参与和引领国际规则制定，破除环境服务贸易非关税壁垒，推动环境服务贸易自由化与便利化。加大对我国参与环境服务贸易领域国际谈判的支持力度，从而实现通过政府间协议、国际谈判机构、技术援助、培训、示范项目等推动我国环境服务贸易的快速发展。加大对出口产品与服务的支持力度，增加出口退税、减免国内税费；加强双边和区域环境合作，引进资金、先进技术和管理经验，完善有关产品和生产工艺的环境标准，促进对外贸易。

参考文献

[1] 张连城，王少国，段永亮. 北京节能环保产业发展与经济可持续增长研究 [M]. 北京：经济日报出版社，2017.

[2] 李宝娟，王妍，周景博，等. 环保产业绩效评价及产业发展政策设计 [M]. 北京：中国环境科学出版社，2016.

[3] 石效卷，井柳新. 我国水环境问题、政策及水环保产业发展 [M]. 北京：中国环境科学出版社，2016.

[4] 王小平，等. 产业绿色转型与环保服务业发展 [M]. 北京：人民出版社，2017.

[5] 段飞舟，奚旺，郭凯，等. 环保技术和产业国际合作研究 [M]. 北京：中国环境出版社，2016.

[6] 李永峰，梁乾伟，李传哲. 环境经济学 [M]. 北京：机械工业出版社，2016.

[7] 黄立君. 向北欧学习绿色环保产业 [M]. 广州：广州出版社，2015.

[8] 贾宁，周国梅，丁士能，等. 中国—东盟环保产业合作——政策环境与市场实践 [M]. 中国环境出版社，2013.

[9] 孙红梅. 我国环保产业投入绩效与发展研究报告 [M]. 上海：上海财经大学出版社，2016.

[10] 罗宏，裴莹莹，等. 节能环保产业培育与发展研究 [M]. 北京：科学出版社，2018.

[11] 张其仔，张拴虎，于远光. 环保产业现状与发展前景 [M]. 广州：广东经济出版社，2015.